Nussknacker 1

Mein Arbeitsheft

Autoren
Annabel Kandel, Stuttgart
Manuela Mehl, Karlsruhe
Heidi Schmidt, Schorndorf
Mona Sommer, Stuttgart
Jannike Thomas, Lamspringe

Ernst Klett Verlag
Stuttgart · Leipzig

Die Zahlen bis 10

○ 1

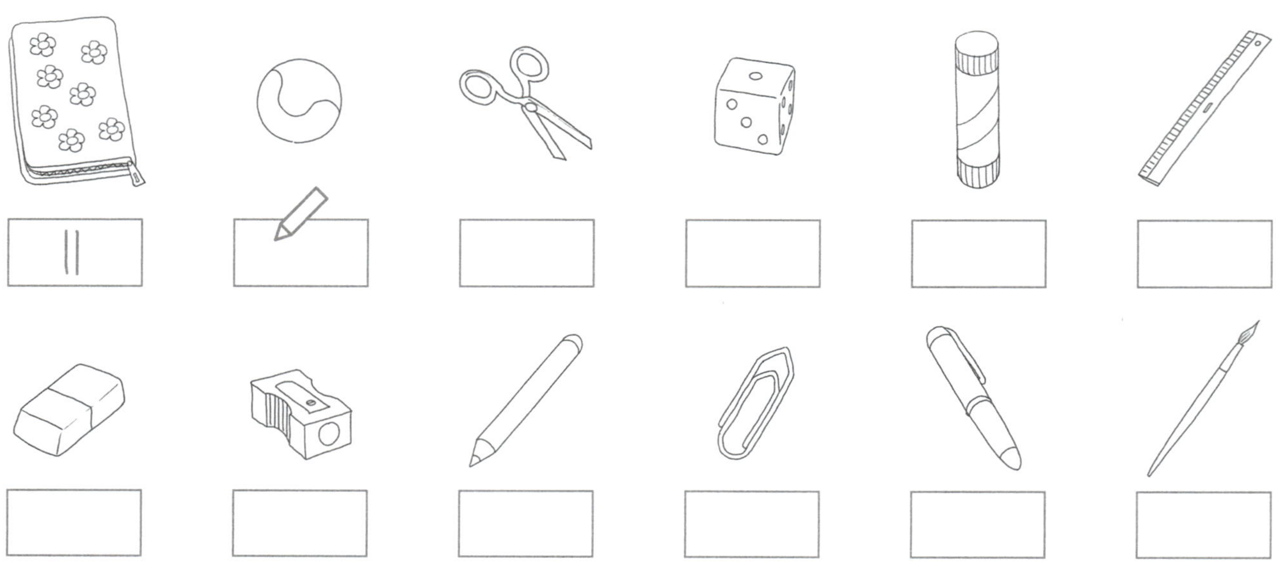

○ 2

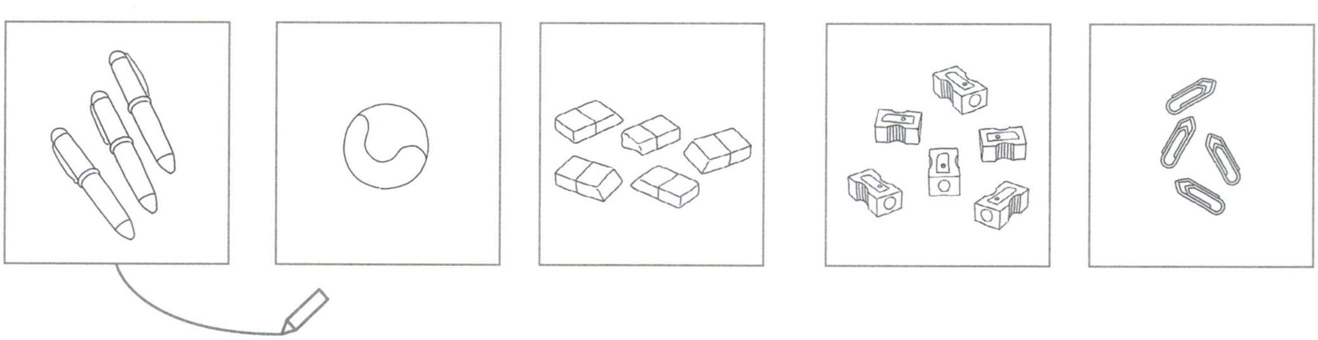

1 2 3 4 5 6 7 8 9 10

1 Anzahl der Gegenstände bestimmen und Strichlisten anfertigen. 2 Menge und Zahl verbinden.

→ Schülerbuch, Seiten 4 / 5

Links – rechts, oben – unten

○ 1

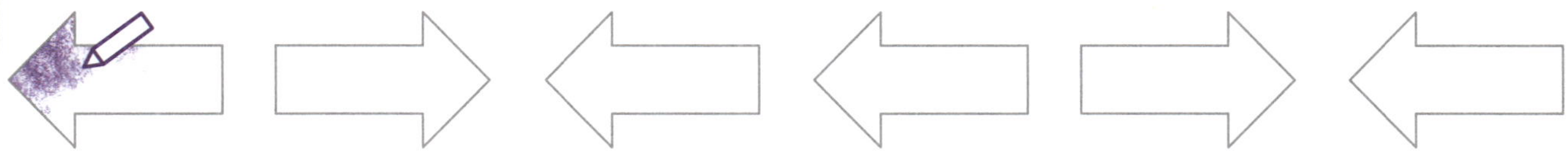

○ 2

◒ 3

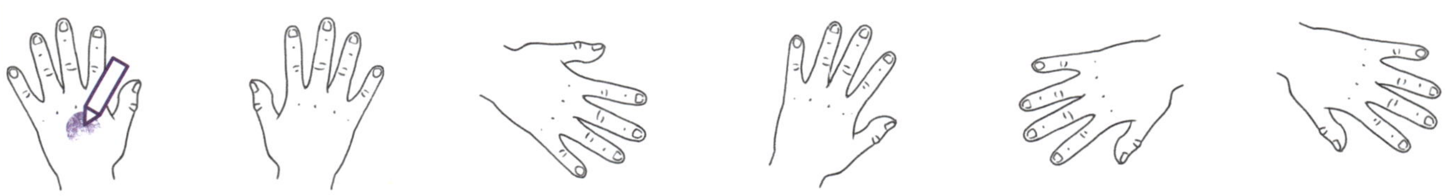

○ 4 Was ist wo? Zeichne.

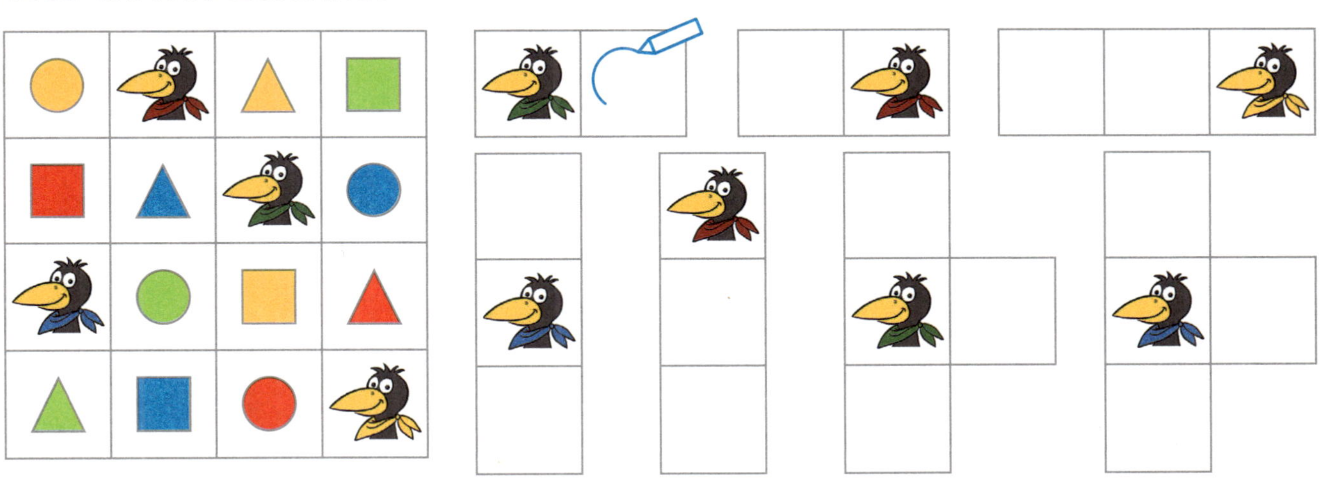

◒ 5

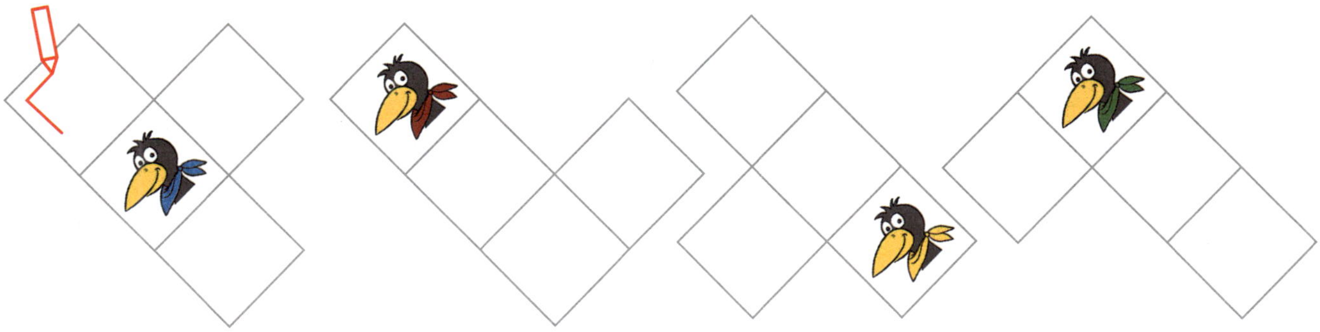

1–3 Figuren entsprechend ihrer Richtung (lila – links, rot – rechts) anmalen. **4, 5** Lagebeziehung erfassen und die fehlenden Formen in der richtigen Farbe in die leeren Kästchen zeichnen.

→ Schülerbuch, Seiten 6/7

Mehr – weniger – gleich viele

○ **1**

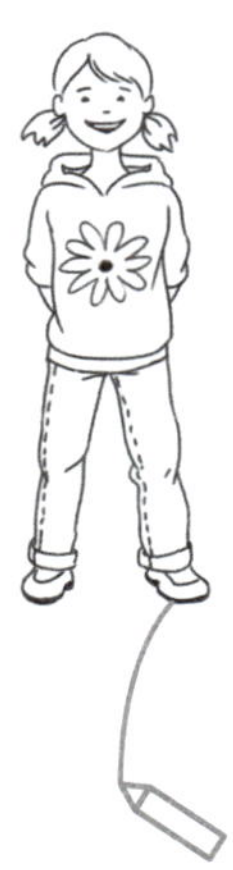

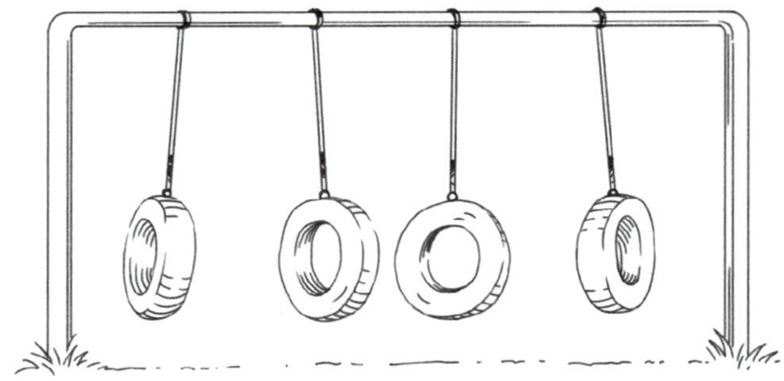

○ **2** Wo ist mehr?

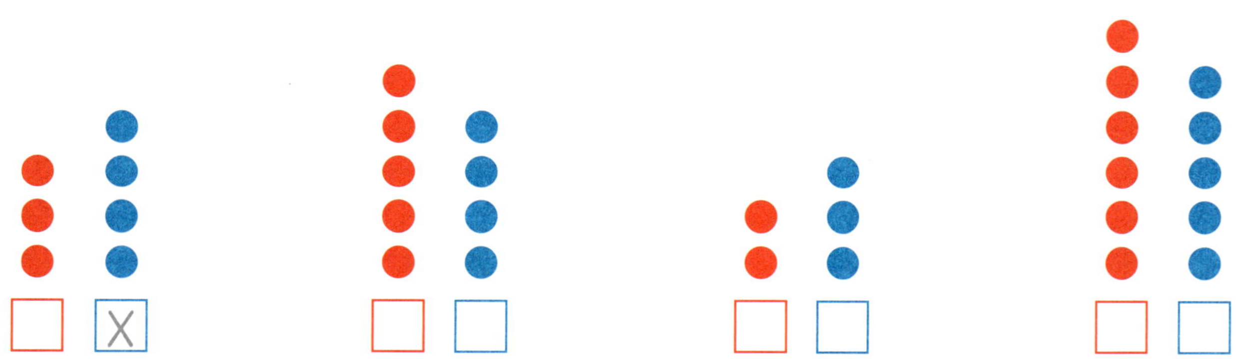

○ **3** Wo ist mehr?

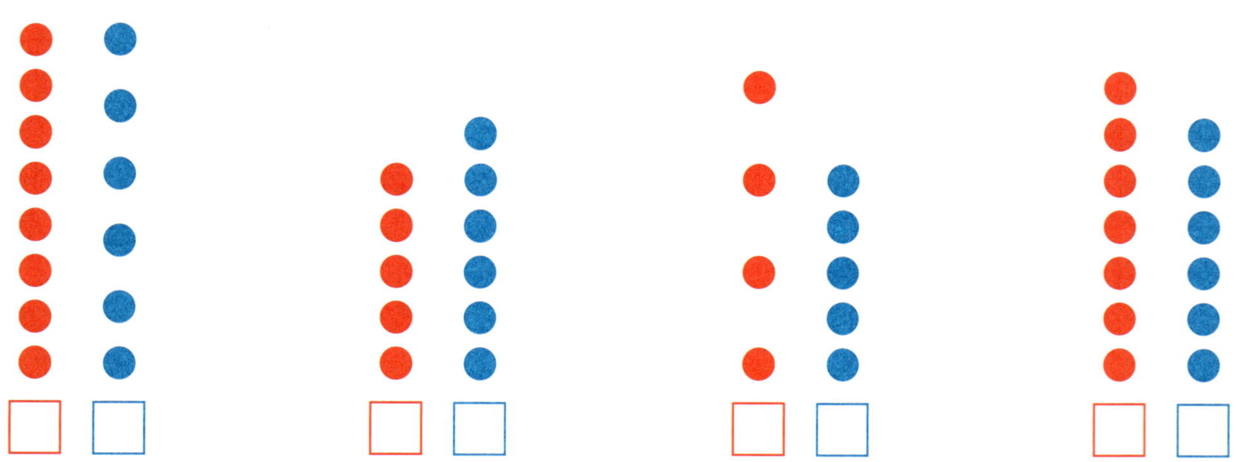

1 Mengen durch 1 : 1 Zuordnung vergleichen. **2, 3** Mengen vergleichen und entscheiden, wo mehr ist. Als Hilfestellung können die Plättchentürme durch 1 : 1 Zuordnung verglichen werden. Aufgaben bei Bedarf mit Plättchen nachlegen.

→ Schülerbuch, Seiten 8/9

Die Zahlen 1 und 2

○ 1 **1**

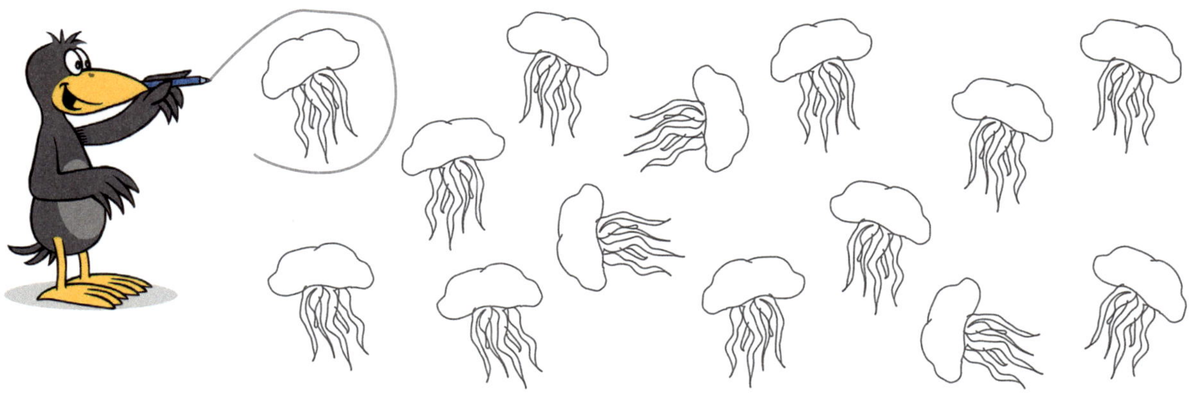

○ 2

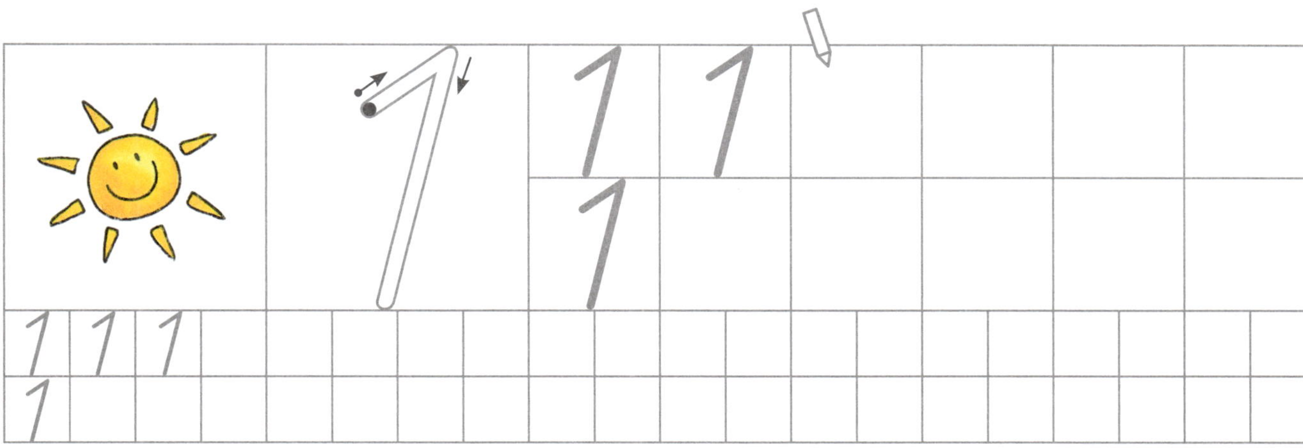

○ 3 **2**

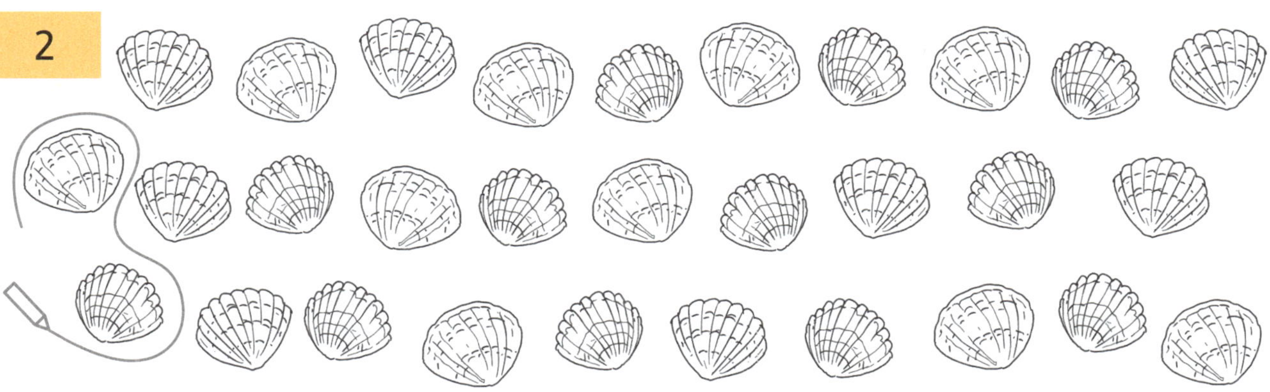

○ 4

1, 3 Immer die Anzahl 1 bzw. 2 einkreisen. **2, 4** Das Schreiben der Ziffern 1 und 2 durch Nachspuren und freie Schreibübungen trainieren.

→ Schülerbuch, Seiten 10/11

Die Zahlen 3 und 4

○ 1

3

○ 2

○ 3

4

○ 4

◒ 5

4

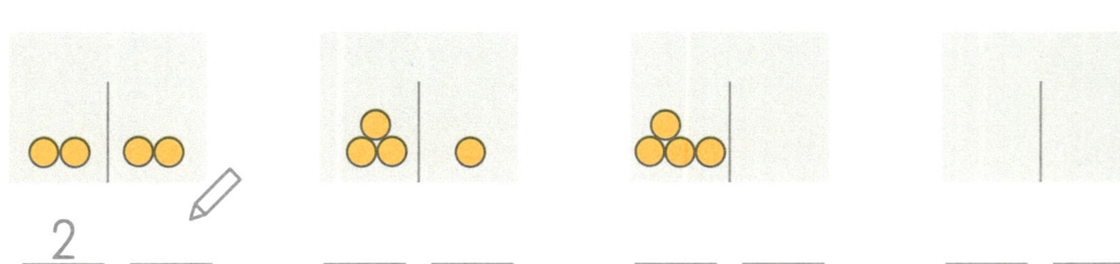

1, 3 Immer die Anzahl 3 bzw. 4 einkreisen. 2, 4 Das Schreiben der Ziffern durch Nachspuren und freie Schreibübungen trainieren. 5 Passende Zahlen zur Zahlzerlegung notieren bzw. Anzahlen selbst zeichnen.

→ Schülerbuch, Seiten 12/13

Die Zahlen 5 und 6

○ **1** 5

○ **2**

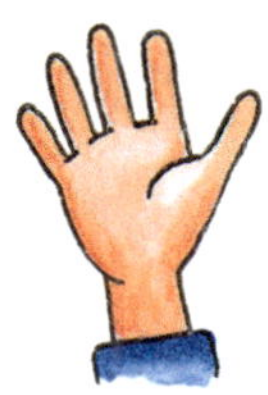

5 5 5

5 5 5

5 5 5

5 3 5 3

○ **3** 6

○ **4**

6 6 6

6 6 6

6 6 6

6 5 4 3 6 5 4 3

○ **5**

3			4	6	2

1, 3 Immer die Anzahl 5 bzw. 6 einkreisen. **2, 4** Das Schreiben der Ziffern durch Nachspuren und freie Schreibübungen trainieren. **5** Anzahl der Würfelaugen bestimmen oder vorgegebene Anzahlen mit Würfelpunkten zeichnerisch darstellen.

→ Schülerbuch, Seiten 14/15

Die Zahlen 7 und 8

○ 1

7

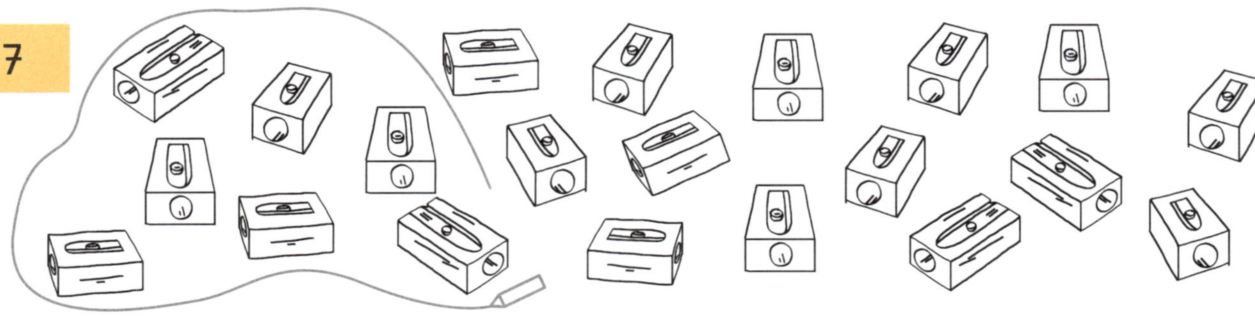

○ 2

○ 3

8

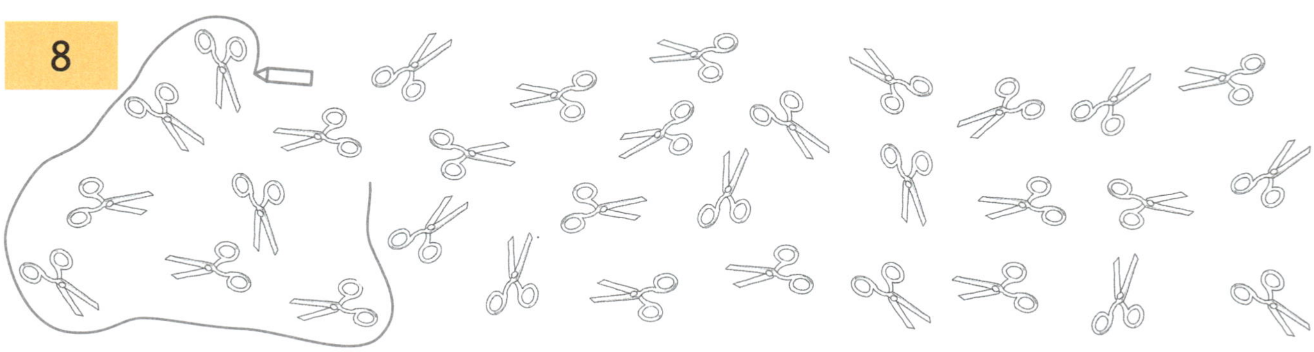

○ 4

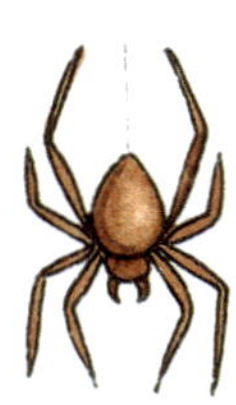

◒ 5

1	7	6	0	8

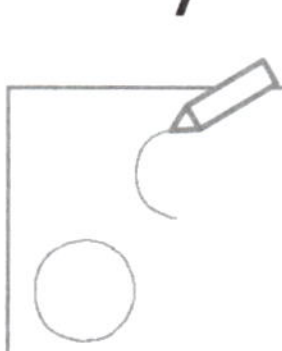

1, 3 Immer die Anzahl 7 bzw. 8 einkreisen. 2, 4 Das Schreiben der Ziffern durch Nachspuren und freie Schreibübungen trainieren. 5 Fehlende Mengendarstellungen mit beliebigen Objekten ergänzen.

→ Schülerbuch, Seiten 16/17

Die Zahlen 9 und 10

○ **1** 9

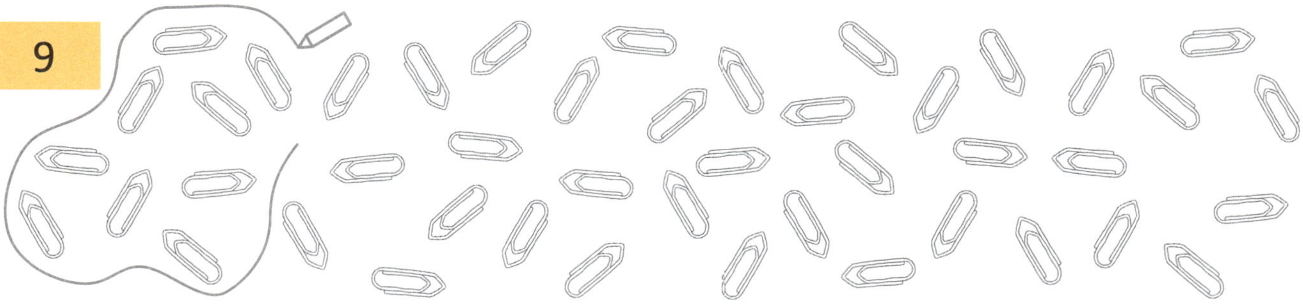

○ **2**

9 9 9 9

9 9 9

○ **3** 10

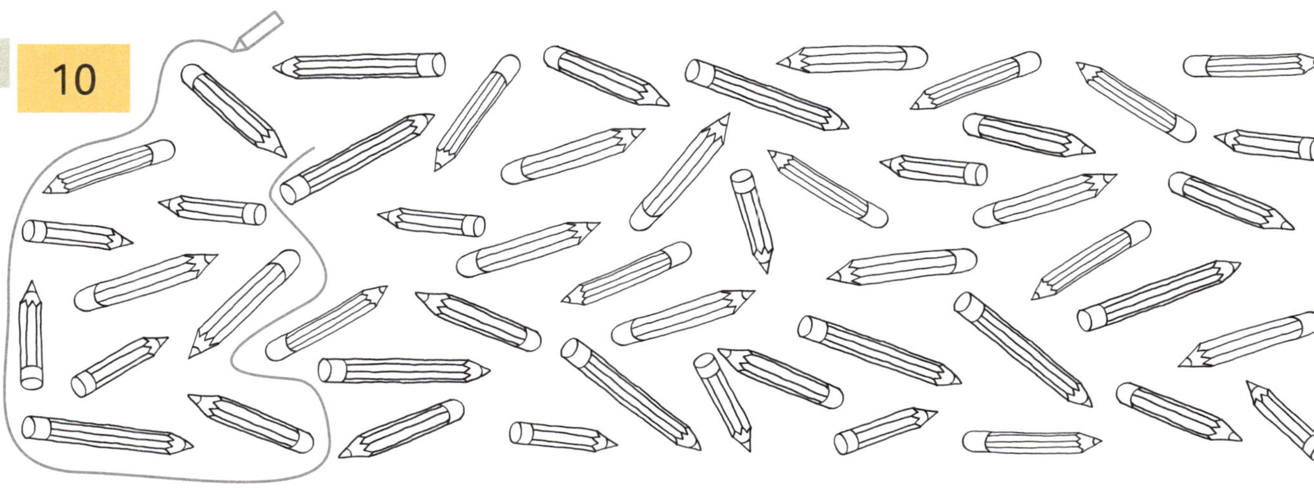

○ **4**

10 10 10 10

10 10

◒ **5** 10

___ ___ ___ ___ 8 ___ 5 ___

1, 3 Immer die Anzahl 9 bzw. 10 einkreisen. **2, 4** Das Schreiben der Ziffern durch Nachspuren und freie Schreibübungen trainieren. **5** Zerlegungen in den Schüttelboxen bestimmen bzw. zeichnen, ggf. mit Schüttelboxen arbeiten.

3

→ Schülerbuch, Seiten 18/19

Nachbarzahlen bis 10

○ 1

0	1				5					

○ 2

1	2			4				7
	5			1		2		
	7			8				10

◒ 3

Vorgänger	Z	Nachfolger
4	5	6
	6	
	7	
	8	
	9	

V	Z	N
3		
	3	
0		
		3
5		

V	Z	N
		2
4		
		5
6		
		9

◒ 4

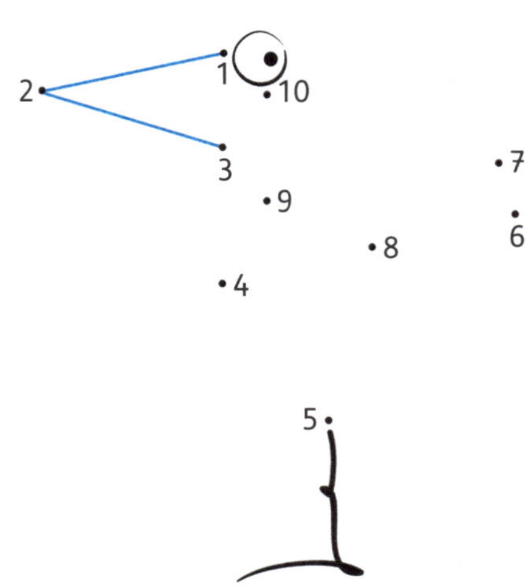

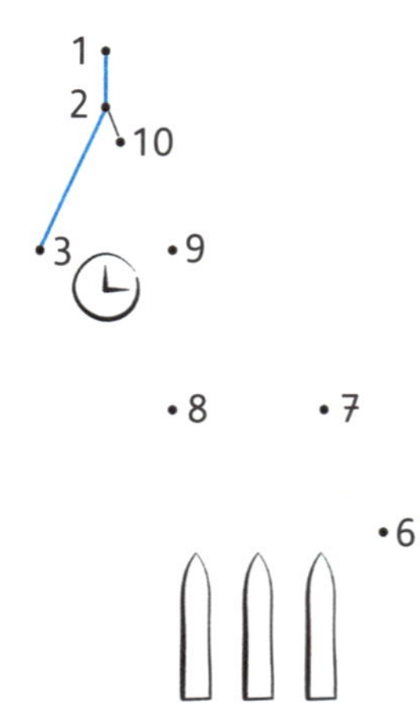

1 Die Zahlenreihe bis 10 vervollständigen. 2 Die fehlenden Nachbarzahlen eintragen und so die Zahlenreihe vervollständigen. 3 Vorgänger und Nachfolger bestimmen. 4 Die Zahlen jeweils der Reihe nach verbinden.

→ Schülerbuch, Seite 20

Zuerst 5

○ **1**

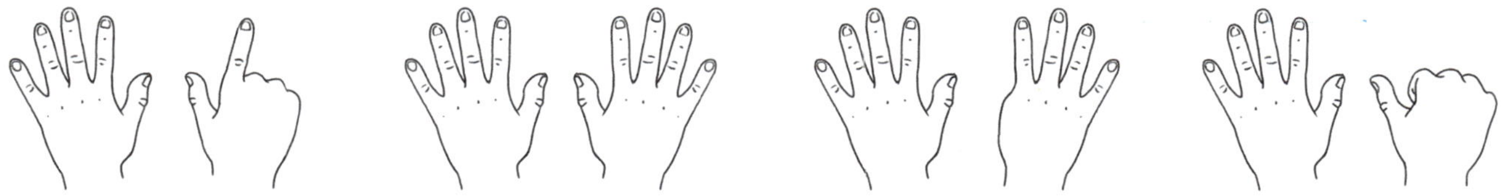

7 | 5 ⊕ ___ | ___ ○ ___ | ___ ○ ___ | ___ ○ ___

○ **2**

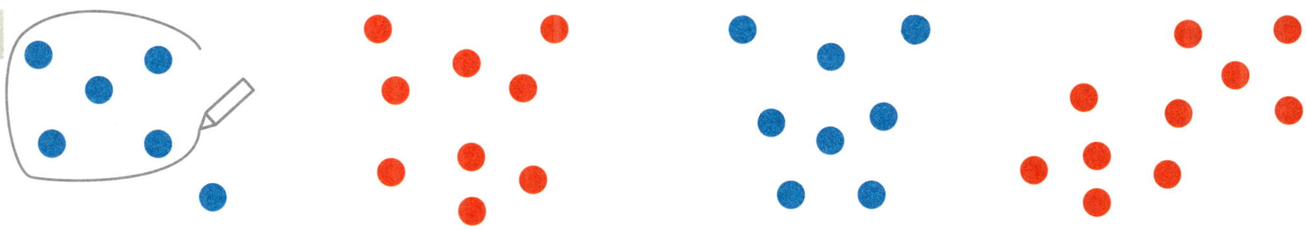

6 | 5 ⊕ ___ | ___ ○ ___ | ___ ○ ___ | ___ ○ ___

○ **3**

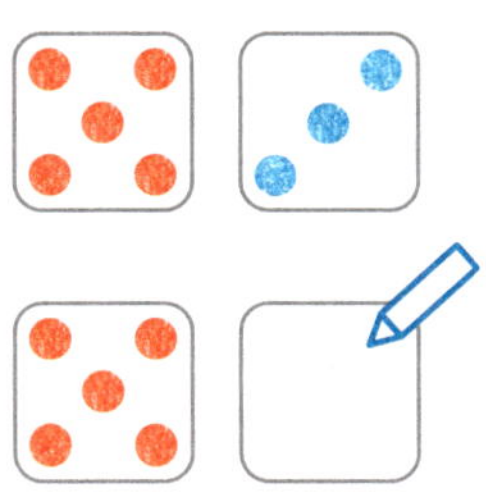

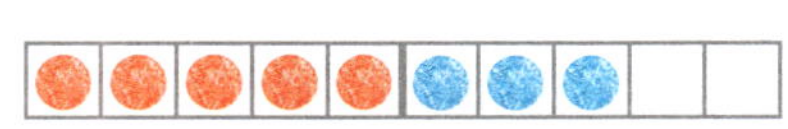

8			5 ⊕ 3
6			___ ○ ___
10			___ ○ ___
7			___ ○ ___
9			___ ○ ___

○ **4**

5 ⊕ ___ | ___ ○ ___ | 5 ⊕ 1 | 5 ⊕ 2 | ___ ○ ___

1 Die Fünferbündelung in die Strukturierungshilfe eintragen. 2 Die Fünferbündelung als Strukturierungshilfe anwenden. Beim Einkreisen sind mehrere Lösungen möglich. 3 Die Zahlen als Würfelbild, als Fünferbündelung im Zehnerfeld und als Term notieren. 4 Die Fünferbündelung als Strichliste festigen und anwenden.

→ Schülerbuch, Seite 21

Anzahlen bestimmen

○ **1** Wie viele?

___

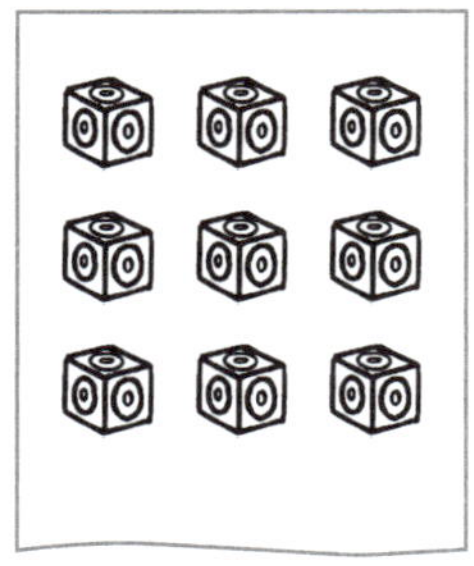
___

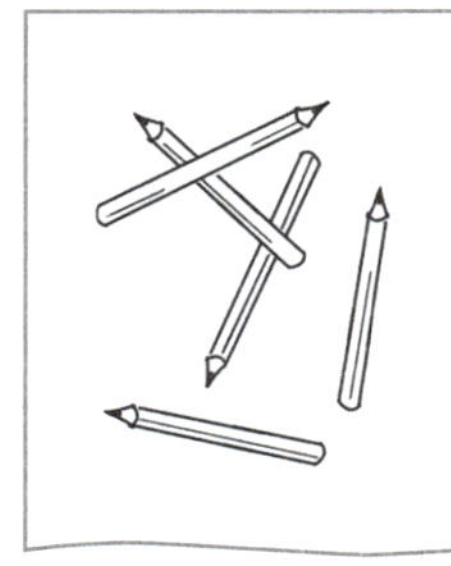
___

___

○ **2** Wo kannst du leicht zählen? Kreuze an und zähle.

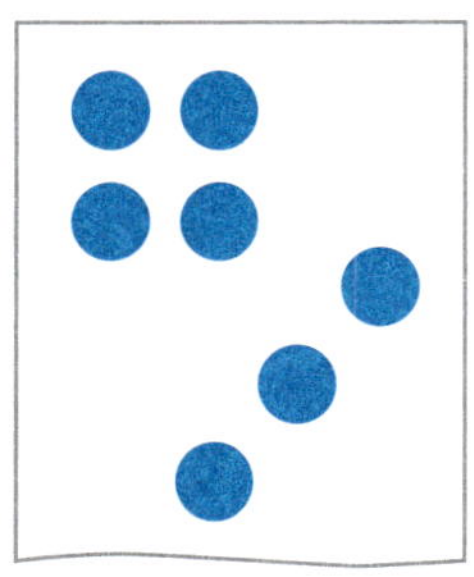
☒ 7

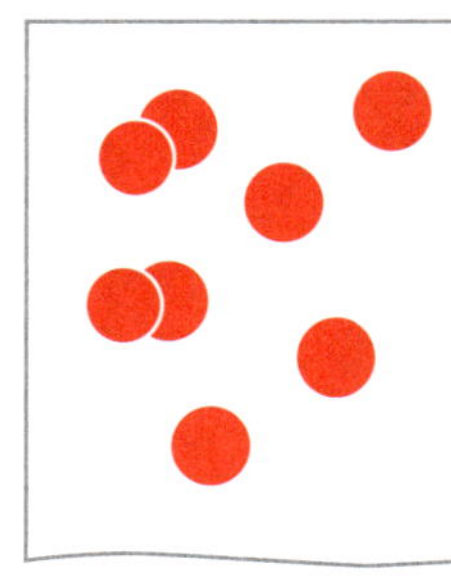
☐ 8

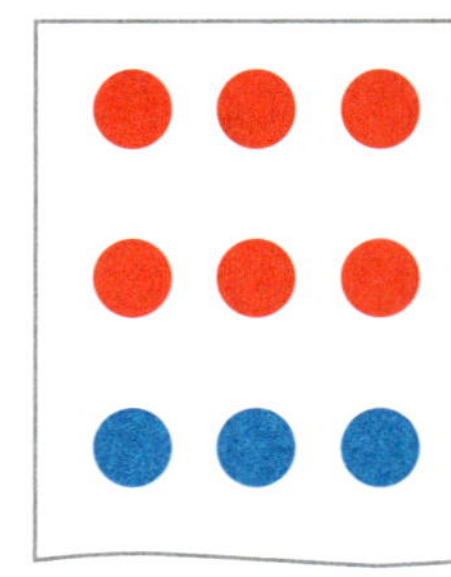
☐ ___

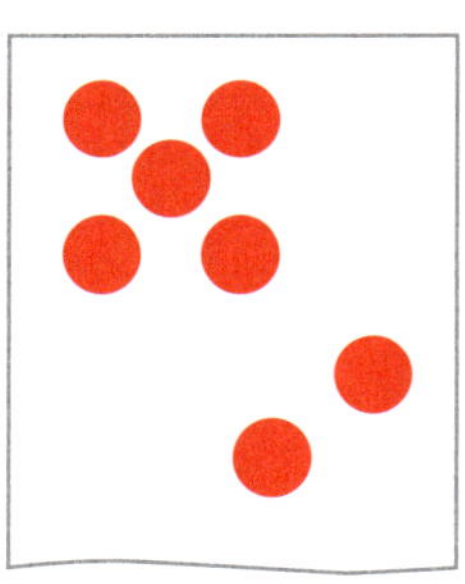
☐ ___

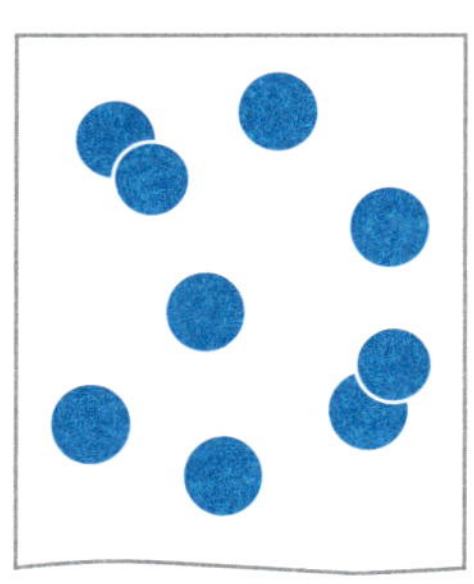
☐ ___

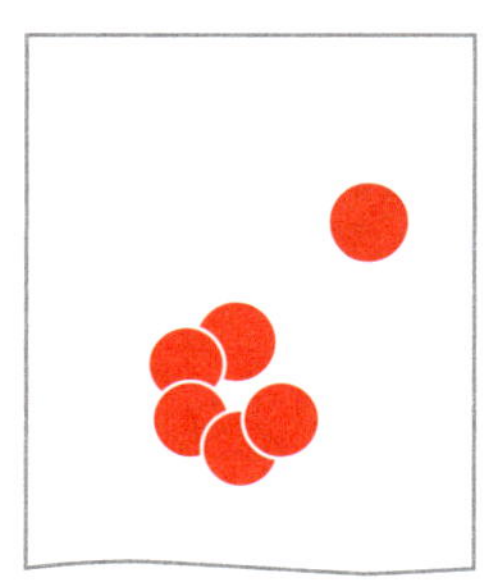
☐ ___

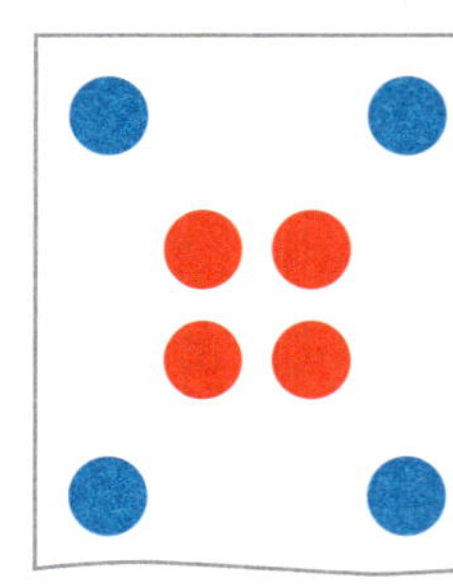
☐ ___

◒ **3** Wo kannst du leicht zählen? Kreuze an und zähle.

☐ 6

☒ 6

☐ ___

☐ ___

☐ ___

☐ ___

1 Strukturierte und unstrukturierte Mengen erfassen und Anzahl notieren. **2** Alle Anzahlen bestimmen. Mengen, die sich leicht zählen lassen, ankreuzen. **3** Anzahlen im Zehnerfeld bestimmen. Mengen, die sich leicht zählen lassen, ankreuzen und Anzahl notieren.

5

→ Schülerbuch, Seiten 22/23

Das Zehnerfeld

○ **1**

●●●○○○○○○○ — 3
●○○○○○○○○○ — ___

●●●●●●●●●● — ___
●●●●○○○○○○ — ___

●●●●●●●○○○ — ___
●●●●●●●●●○ — ___

●●●●●●●●○○ — ___
●●●●●●○○○○ — ___

●●●●●○○○○○ — ___
○○○○○○○○○○ — ___
●●○○○○○○○○ — ___

○ **2**

4 | 6 | 9

7 | 8 | 2

3 | 10 | 5

◒ **3**

1	2	3	4	5	6		8	9	

	2	3	4	5		7	8		10

1	2	3	4			7	8	9	10

1		3		5	6			9	10

1			4		6		8		

			4	5	6				

		3				7			

1 Anzahlen im Zehnerfeld ablesen und entsprechende Zahlen notieren. 2 Entsprechende Plättchenzahl in das Zehnerfeld einzeichnen. 3 Zahlenreihen im Zehnerfeld vervollständigen.

→ Schülerbuch, Seite 25

Zahlen zerlegen: Schüttelboxen

○ **1**

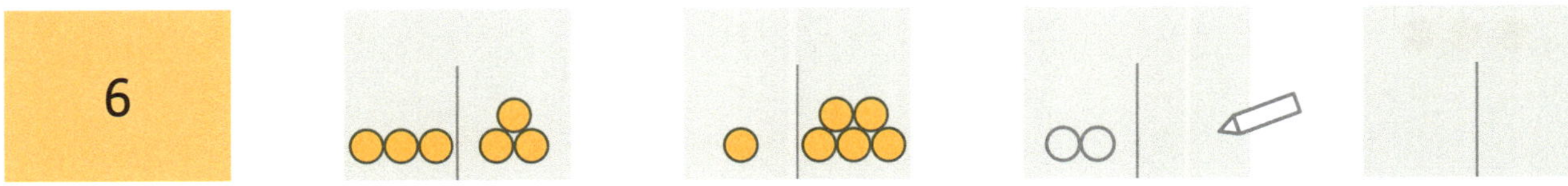

3 + ___   ___ ◯ ___   2 + ___   5 + ___

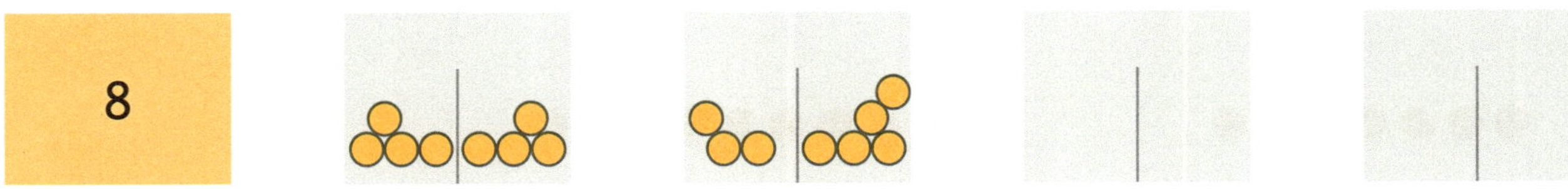

___ ◯ ___   ___ ◯ ___   1 + ___   0 + ___

○ **2**

5 + ___   ___ ◯ ___   ___ ◯ ___   ___ ◯ ___

___ ◯ ___   ___ ◯ ___   ___ ◯ ___   ___ ◯ ___

◒ **3**

___ + 2   ___ + 4   ___ + 5   ___ + 1

___ + 5   ___ + 4   ___ + 2   ___ + 9

◒ **4**

2 + 3   ___ + ___   ___ + ___   ___ + ___

1 Zerlegung notieren und in die Schüttelboxen einzeichnen. 2 Anzahl der verdeckten Perlen bestimmen und Zerlegung notieren. 3 Anzahl der nicht verdeckten Perlen bestimmen, einzeichnen und Zerlegung notieren. 4 Zerlegung zu selbst gewählten Zahlen zeichnen und notieren.

→ Schülerbuch, Seiten 26/27

Zerlegung der 10

1 Immer 10.

4 6 7 8 3 0 10 5 2 5 5 6 9 2 3 5 9 7 4 1 1 8 1 3 4 4 9 9 7 6 6 2 3 2 6 1 8 7 4 8 10 5 0 5

2 Immer 10.

4	6
8	
5	
3	

	1
	2
	7
	6

	10
	5
4	
	9

3 Immer 10.

8 ~~1~~ 2

2 + 8

5 5 6

______

10 0 1

______

3 6 7

______

9 1 2

______

10 6 4

______

1 Immer zwei Zahlen einkreisen, deren Summe 10 ergibt. 2 Zahl eintragen, die mit der Zahl im gleichfarbigen Feld 10 ergibt.
3 Immer zwei Karten ergeben zusammen 10. Überflüssige Karte streichen, Term notieren.

→ Schülerbuch, Seite 29

Zerlegungshäuser

○ 1

5

5 + 0
___ + ___
___ + ___
___ + ___
___ + ___
___ + ___

4

___ + ___
___ + ___
___ + ___
___ + ___
___ + ___

2

___ + ___
___ + ___
___ + ___

3

___ + ___
___ + ___
___ + ___
___ + ___

◒ 2

7

7 + 0
6 + ___
5 + ___
___ + ___
___ + ___
___ + ___
___ + ___
___ + ___

9

9 + ___
8 + ___
___ + ___
___ + ___
___ + ___
___ + ___
___ + ___
___ + ___
___ + ___
___ + ___

6

6 + ___
___ + ___
___ + ___
___ + ___
___ + ___
___ + ___
___ + ___

10

___ + ___
___ + ___
___ + ___
___ + ___
___ + ___
___ + ___
___ + ___
___ + ___
___ + ___
___ + ___
___ + ___

1 Die Plättchen systematisch färben und Zerlegung farbig notieren. 2 Zahlzerlegung systematisch notieren.

6

→ Schülerbuch, Seiten 30/31

Ordnungszahlen

○ **1**

☐ ☐ ☐ ☐ ☐ ☐ ☐ ☐ 2. 1.

○ **2**

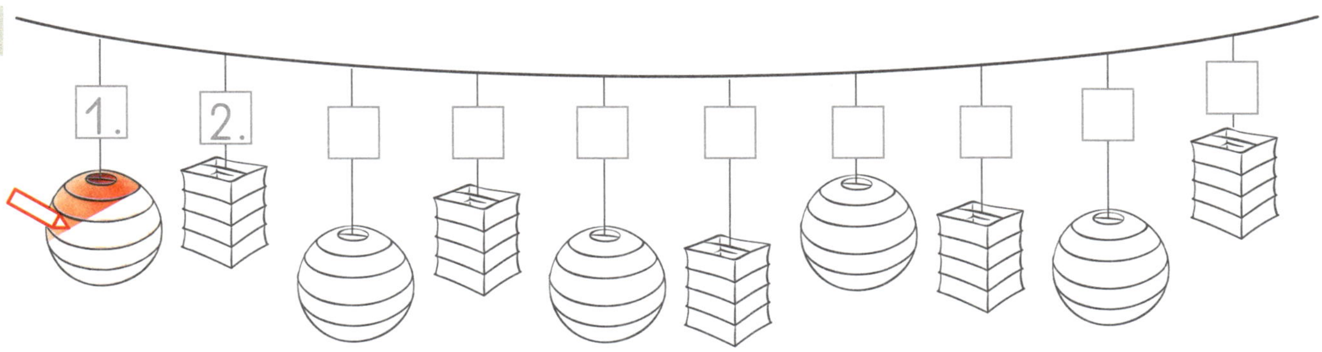

1. 4. 8.   3. 5. 7. 9.   2. 6. 10.

◒ **3**

☐ ☐ 1. ☐ ☐ ☐

◒ **4**

☐ ☐ ☐ ☐ 1. ☐

1 Ordnungszahlen eintragen. **2** Ordnungszahlen eintragen und Lampions in der entsprechenden Farbe anmalen.
3, 4 Reihenfolge der Bilder erkennen und notieren.

→ Schülerbuch, Seite 32

Zahlen vergleichen

○ 1

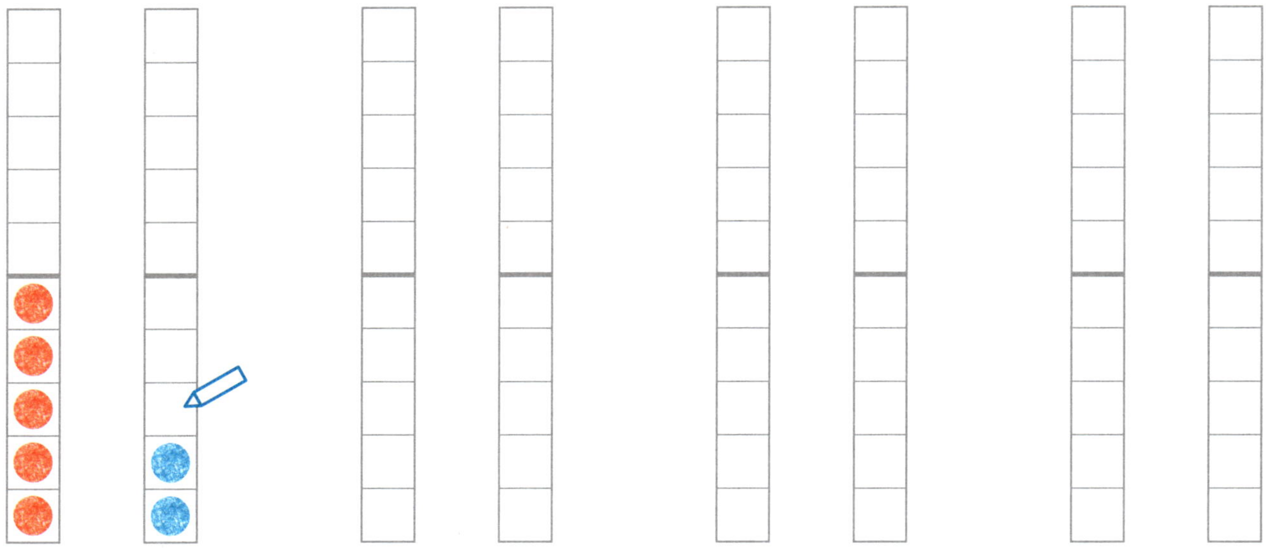

5 ◯ 3   2 ◯ 7   6 ◯ 6   9 ◯ 8

○ 2

||	卌	|||	|	||||	||||	卌	卌|
2	ⓒ< 5	___ ◯	___	___ ◯	___	___ ◯	___
卌||	卌||	卌|	|||	||||	卌	卌|||	卌||||
___ ◯	___	___ ◯	___	___ ◯	___	___ ◯	___

○ 3

1 (<) 3	7 ◯ 9	10 ◯ 3	0 ◯ 6
2 ◯ 3	7 ◯ 8	10 ◯ 0	1 ◯ 1
3 ◯ 3	7 ◯ 7	6 ◯ 2	8 ◯ 9
4 ◯ 3	7 ◯ 6	9 ◯ 3	5 ◯ 10
5 ◯ 3	7 ◯ 5	4 ◯ 8	2 ◯ 1

◒ 4

2 = ___	5 = ___	9 = ___	7 = ___	___ = ___
2 < ___	5 < ___	9 < ___	7 < ___	___ < ___
2 < ___	5 < ___	9 > ___	7 < ___	___ < ___
2 > ___	5 > ___	9 > ___	7 > ___	___ > ___
___ > ___	___ > ___	___ > ___	___ > ___	___ > ___

1 Anzahl der Plättchen entsprechend der Vorgabe in das Zehnerfeld einzeichnen. Anzahlen vergleichen und passendes Relationszeichen eintragen. 2 Für Strichdarstellungen Zahlen notieren und vergleichen. 3 Zahlen vergleichen und passendes Relationszeichen eintragen. 4 Fehlende Zahlen entsprechend des Relationszeichens eintragen. Verschiedene Lösungen sind möglich.

→ Schülerbuch, Seite 33

Wiederholung

1

IIII — 4

卌 I — ___

II — ___

卌 III — ___

卌 — ___

卌 IIII — ___

III — 3

[ ] — 5

[ ] — 7

[ ] — 4

[ ] — 10

[ ] — 8

2

●●●● — 5

3

6

4

9

7

8

0

10

3

V	Z	N
4	5	6
	2	
	9	
	6	
	8	

V	Z	N
8		
		7
2		
		9
4		

V	Z	N
		8
7		
		2
		3
		4

V	Z	N
6		
	3	
	1	
		6
5		

4

2 5 2 5

0 8 0 8

9 6 9 6

1 4 7 5 1 4 7 5

3 6 2 8 3 6 2 8

1 Mengen als Zahl bzw. Strichliste darstellen. **2** Punktedarstellung im Zehnerfeld eintragen. **3** Vorgänger und Nachfolger von Zahlen bestimmen. **4** Muster in den Zahlen erkennen und fortsetzen.
Selbst einschätzen, wie erfolgreich die Seite bearbeitet wurde, und entsprechenden Raben ankreuzen.

→ Schülerbuch, Seiten 34/35

Knobeln mit Formen

○ **1** Knack den Tresor.

○ **2** Knack den Tresor. Finde jeweils 2 Lösungen.

1, 2 Das Muster jeweils so ergänzen, dass entweder in einer Reihe nur die gleiche Form (z. B. Herzen) oder nur eine Farbe (z. B. alle Formen sind blau) vorkommen. 2 Jeweils zwei verschiedene Lösungen finden.

→ Schülerbuch, Seite 37

Plus: Es werden mehr

○ **1**

4 + ___ = ___ ___ + ___ = ___ ___ + ___ = ___

○ **2**

2 + ___ = ___ ___ + ___ = ___ ___ + ___ = ___

◒ **3**

___ + ___ = ___ ___ + ___ = ___ ___ + ___ = ___

___ + ___ = ___ ___ + ___ = ___ ___ + ___ = ___

1, 2 Additionsaufgaben erkennen. Aufgaben mit Plättchen legen und einzeichnen. Aufgaben schreiben und rechnen.
3 Es können jeweils verschiedene Aufgaben gebildet werden.

→ Schülerbuch, Seiten 38/39

Plusaufgaben finden

○ **1**

5 + 2 = ___ | ___ + ___ = ___ | ___ + ___ = ___

___ + ___ = ___

___ + ___ = ___

○ **2**

1 + ___ = ___ | ___ + ___ = ___ | ___ + ___ = ___

___ + ___ = ___ | ___ + ___ = ___ | ___ + ___ = ___

___ + ___ = ___ | ___ + ___ = ___ | ___ + ___ = ___

___ + ___ = ___ | ___ + ___ = ___ | ___ + ___ = ___

○ **3**

7 + 2 = ___ | 2 + 6 = ___

3 + 7 = ___ | 4 + 0 = ___

1 + 5 = ___ | 6 + 3 = ___

1 Additionsaufgaben im Bild finden, einkreisen und mit Zehnerfeld verbinden. Plättchen legen, einzeichnen, schreiben und rechnen. 2 Additionsaufgaben dem Zehnerfeld entnehmen. Mit Plättchen legen, schreiben und rechnen. 3 Additionsaufgaben einzeichnen und die Lösung eintragen.

→ Schülerbuch, Seite 40/41

Plusaufgaben üben

○ **1** Rechne und kontrolliere. Eine Zahl bleibt jeweils übrig.

4 + 4 = 8	1 + 1 = ___	3 + 5 = ___	3 + 4 = ___
3 + 0 = ___	7 + 0 = ___	8 + 0 = ___	5 + 0 = ___
0 + 1 = ___	1 + 6 = ___	1 + 2 = ___	9 + 1 = ___
2 + 1 = ___	2 + 3 = ___	1 + 5 = ___	5 + 5 = ___
6 + 2 = ___	0 + 5 = ___	0 + 3 = ___	1 + 4 = ___
1 1 3 3 ~~8~~ 8	2 2 5 5 7 7	3 3 6 6 8 8	5 5 7 7 10 10

○ **2** Rechne und kontrolliere. Eine Zahl bleibt jeweils übrig.

2 + 5 = ___	7 + 1 = ___	5 + 4 = ___	4 + 2 = ___
0 + 2 = ___	1 + 9 = ___	2 + 7 = ___	5 + 3 = ___
6 + 3 = ___	3 + 2 = ___	4 + 6 = ___	7 + 0 = ___
0 + 7 = ___	3 + 7 = ___	0 + 0 = ___	1 + 7 = ___
8 + 1 = ___	4 + 1 = ___	6 + 4 = ___	4 + 3 = ___
2 2 7 7 9 9	5 5 8 8 10 10	0 0 9 9 10 10	6 6 7 7 8 8

○ **3** Male richtig aus.

3 + 6 | 1 + 8 | 3 + 3 | 3 + 1 | 4 + 2

2 + 7 | 4 + 5 | 6 + 0 | 4 + 0

7 + 2

0 + 4

1 + 3 | 2 + 4 | 2 + 2 | 5 + 1 | 0 + 9 | 0 + 6

3 + 4 | ___ + ___ | ___ + ___ | ___ + ___ | ___ + ___

1, 2 Additionsaufgaben lösen und mit den grünen Lösungszahlen selbst kontrollieren. Pro Päckchen bleibt eine Lösungszahl übrig. 3 Aufgabenkarten mit der passenden Farbe ausmalen. Passende Additionsaufgaben für das Ergebnis 7 finden.

→ Schülerbuch, Seite 41

Tauschaufgaben

○ 1

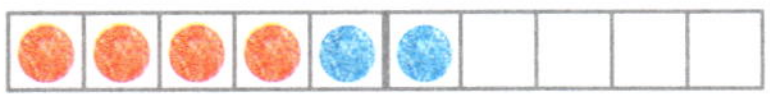

4 + 2 = ___
2 + 4 = ___

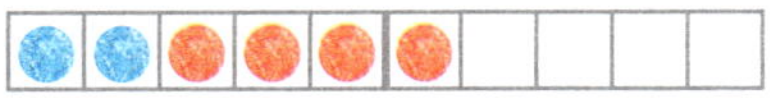

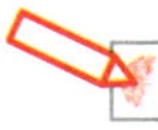

1 + 4 = ___
4 + 1 = ___

9 + 0 = ___
0 + 9 = ___

7 + 1 = ___
___ + 7 = ___

2 + 5 = ___
___ + 2 = ___

10 + 0 = ___
___ + 10 = ___

○ 2

1 + 8 = ___
8 +

3 + 7 = ___

2 + 3 = ___

0 + 3 = ___

6 + 4 = ___

2 + 8 = ___

0 + 5 = ___

3 + 6 = ___

○ 3

3 + 4 =
4 + 3 =

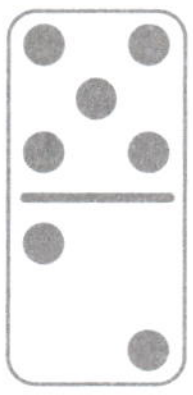

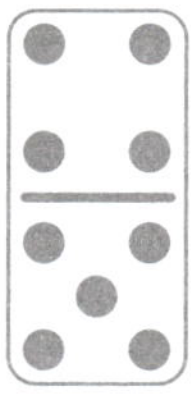

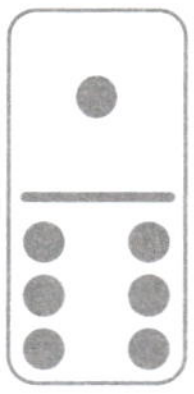

◒ 4

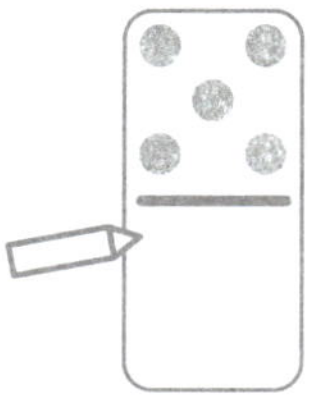

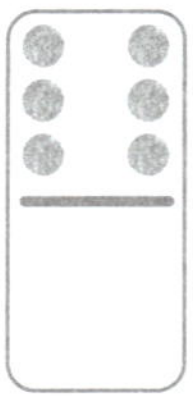

1 Aufgabe und Tauschaufgabe legen, zeichnen und notieren. 2 Aufgaben und Tauschaufgaben ausrechnen.
3 Durch Drehen des Heftes zu den Dominosteinen Aufgabe und Tauschaufgabe notieren und ausrechnen.
4 Punktemuster selbst wählen. Die entsprechende Aufgabe und Tauschaufgabe notieren und lösen.

→ Schülerbuch, Seite 42

Aufgabenrollen

○ 1

2 + 1 = 3
2 + 2 = ___
2 + 3 = ___
2 + 4 = ___
2 + 5 = ___
2 + 6 = ___

7 + 1 = ___
6 + 2 = ___
5 + 3 = ___
4 + 4 = ___
3 + 5 = ___
2 + 6 = ___

5 + 0 = ___
4 + 2 = ___
3 + 4 = ___
2 + 6 = ___
1 + 8 = ___
0 + 10 = ___

○ 2

2 + 2 = ___
3 + 2 = ___
4 + 2 = ___
5 + 2 = ___
___ + ___ = ___
___ + ___ = ___
___ + ___ = ___

2 + 8 = ___
3 + 7 = ___
4 + 6 = ___
5 + 5 = ___
___ + ___ = ___
___ + ___ = ___
___ + ___ = ___

0 + 6 = ___
1 + 5 = ___
2 + 4 = ___
3 + 3 = ___
___ + ___ = ___
___ + ___ = ___
___ + ___ = ___

◒ 3

4 + 1 = ___
4 + 2 = ___
3 + 3 = ___
3 + 4 = ___
2 + ___ = ___
___ + ___ = ___
___ + ___ = ___

2 + 1 = ___
2 + 3 = ___
3 + 1 = ___
3 + 3 = ___
4 + ___ = ___
___ + ___ = ___
___ + ___ = ___

●

1 + 2 = ___
___ + ___ = ___
___ + ___ = ___
___ + ___ = ___
___ + ___ = ___
___ + ___ = ___
___ + ___ = ___

1 Aufgabenrollen ausrechnen. 2, 3 Aufgabenrollen ausrechnen. Dabei arithmetische Muster entdecken und fortführen.
3 Rechts der Differenzierungslinie: Eine eigene Aufgabenrolle finden und lösen.

→ Schülerbuch, Seite 43

Einfache Plusaufgaben

○ **1**

10 + 0 = ___	5 + 5 = ___	5 + 5 = ___
9 + 0 = ___	6 + 4 = ___	4 + 4 = ___
8 + 0 = ___	7 + 3 = ___	3 + 3 = ___
7 + 0 = ___	8 + 2 = ___	2 + 2 = ___
6 + 0 = ___	9 + 1 = ___	1 + 1 = ___
5 + 0 = ___	10 + 0 = ___	0 + 0 = ___

○ **2** Rechne aus und male an.

mit 0 | mit Ergebnis 10 | mit Verdoppeln

3 + 7 = ___ 3 + 3 = ___ 0 + 4 = ___

2 + 2 = ___ 0 + 7 = ___ 9 + 1 = ___

4 + 4 = ___ 8 + 2 = ___ 5 + 0 = ___

○ **3**

5 + 5 = ___	2 + 8 = ___	4 + 0 = ___	9 + 0 = ___
0 + 8 = ___	0 + 2 = ___	9 + 1 = ___	4 + 4 = ___
1 + 9 = ___	8 + 0 = ___	0 + 0 = ___	0 + 5 = ___
10 + 0 = ___	4 + 6 = ___	3 + 3 = ___	7 + 3 = ___
7 8 10 10 10	2 8 9 10 10	0 4 6 10 10	5 8 9 9 10

● **4** Finde eigene Aufgaben.

mit 0	mit Ergebnis 10	mit Verdoppeln
___ + ___ = ___	___ + ___ = ___	___ + ___ = ___
___ + ___ = ___	___ + ___ = ___	___ + ___ = ___
___ + ___ = ___	___ + ___ = ___	___ + ___ = ___

1 Aufgabenrollen mit 0, mit 10 und mit Verdoppeln lösen. 2 Aufgaben mit 0, mit 10 und mit Verdoppeln lösen und mit der passenden Farbe ausmalen. 3 Gemischte Aufgaben mit 0, mit 10 und mit Verdoppeln lösen und selbst kontrollieren. Jeweils eine Lösungszahl bleibt übrig. 4 Eigene Aufgaben mit 0, mit 10 und mit Verdoppeln finden und lösen.

→ Schülerbuch, Seite 44

Plusaufgaben und Ergänzen üben

○ 1 Ergänze und kontrolliere. Eine Zahl bleibt jeweils übrig.

2 + 3 = 5	2 + ___ = 8	2 + ___ = 7	6 + ___ = 10
1 + ___ = 8	4 + ___ = 8	4 + ___ = 10	1 + ___ = 4
0 + ___ = 3	7 + ___ = 9	9 + ___ = 9	2 + ___ = 10
3 + ___ = 8	5 + ___ = 7	5 + ___ = 10	0 + ___ = 8
2 + ___ = 9	3 + ___ = 7	2 + ___ = 8	7 + ___ = 10
~~3~~ 3 5 5 7 7	2 2 4 4 6 6	0 0 5 5 6 6	3 3 4 4 8 8

○ 2 Rechne aus und male an.

1 + 4 = 5			1 + ___ = 7
2 + ___ = 10			1 + ___ = 9
7 + ___ = 9	3 + ___ = 9	2 + ___ = 4	0 + ___ = 6
4 + ___ = 8	0 + ___ = 8	0 + ___ = 4	8 + ___ = 10

◒ 3

___ + 3 = 9	___ + 4 = 10	___ + 2 = 4	___ + 0 = 6
___ + 8 = 8	___ + 7 = 8	___ + 6 = 7	___ + 4 = 9
___ + 5 = 7	___ + 5 = 9	___ + 9 = 10	___ + 10 = 10
___ + 2 = 5	___ + 3 = 6	___ + 1 = 3	___ + 8 = 9
___ + 6 = 8	___ + 1 = 5	___ + 5 = 8	___ + 2 = 7

◒ 4

1 + 0 + 2 = ___	1 + 1 + 3 = ___	4 + 1 + ___ = 10
1 + 5 + 1 = ___	1 + 2 + 2 = ___	2 + 0 + ___ = 10
3 + 2 + 0 = ___	1 + 0 + 1 = ___	3 + 6 + ___ = 10
2 + 4 + 1 = ___	5 + 2 + 2 = ___	5 + 4 + ___ = 10
0 + 2 + 1 = ___	3 + 2 + 4 = ___	2 + 3 + ___ = 10
3 3 5 5 7 7	2 2 5 5 9 9	1 1 5 5 8 8

1 Ergänzungsaufgaben lösen und mit den grünen Lösungszahlen selbst kontrollieren. Pro Päckchen bleibt eine Lösungszahl übrig. **2** Ergänzungsaufgaben lösen und mit der passenden Farbe ausmalen. Eigene passende Additionsaufgaben finden. **3** Additionsaufgaben lösen. **4** Additionsaufgaben und Ergänzungsaufgaben mit drei Summanden lösen.

→ Schülerbuch, Seite 46

Formen

○ **1** Färbe und zähle die Formen.

○ **2** Färbe und zähle die Formen.

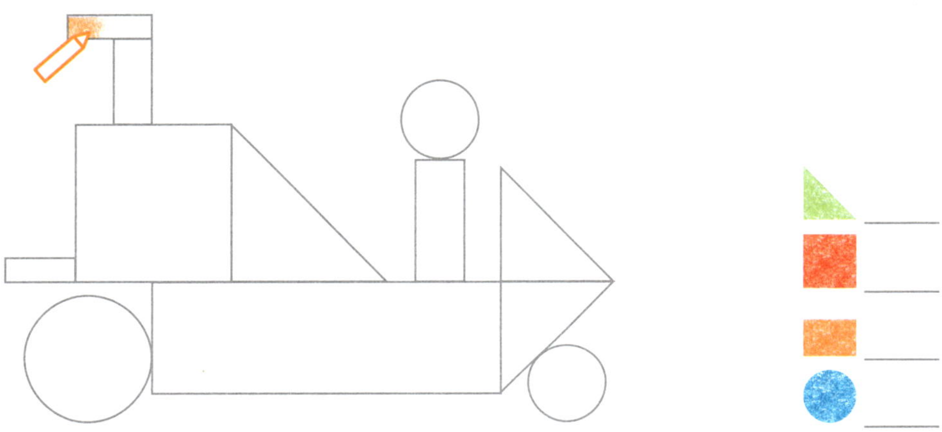

◒ **3** Zeichne dein Traumauto. Färbe und zähle die Formen.

1, 2 Gleiche Formen in jeweils gleicher Farbe färben und die Anzahl der verwendeten Formen notieren.
3 Eigenes Traumauto zeichnen, nach eigenen Vorgaben färben und Anzahl der verwendeten Formen notieren.

→ Schülerbuch, Seite 47

Figuren legen

○ **1** Lege aus. Zähle und zeichne.

____ Plättchen

____ Plättchen

1 Figuren mit Geoplättchen aus der Schülerbuch-Beilage auslegen. Umrisslinien der jeweils verwendeten Formen einzeichnen. Dazu können Geoplättchen als Schablone verwendet werden. Anzahl der verwendeten Geoplättchen notieren.

→ Schülerbuch, Seite 48

Muster

○ **1** Wie geht es weiter?

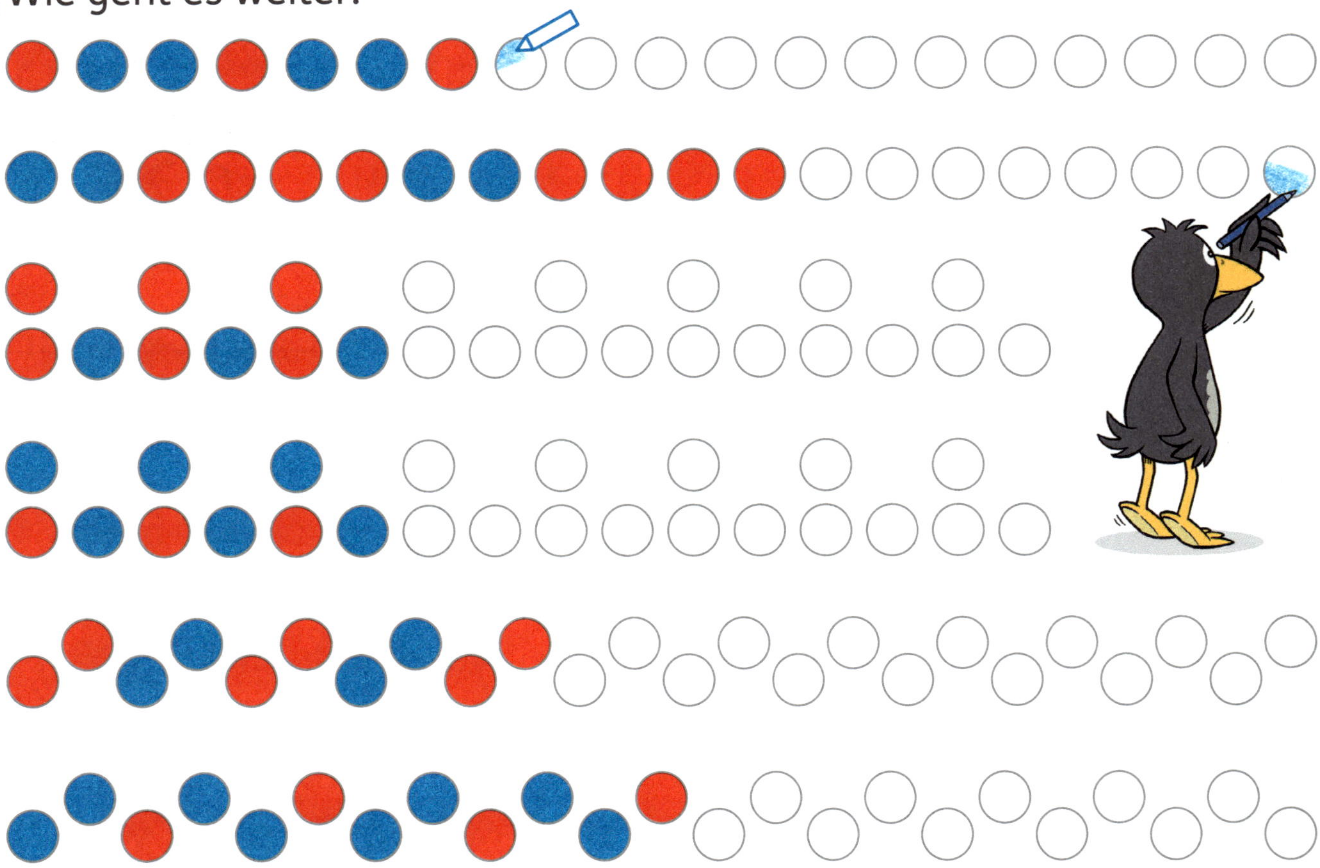

○ **2** Wie geht es weiter? Zeichne.

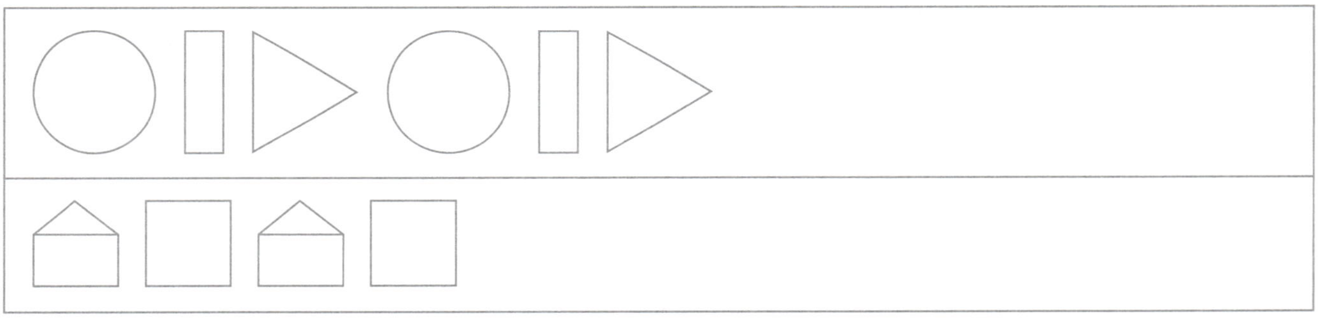

◒ **3** Zeichne eigene Muster.

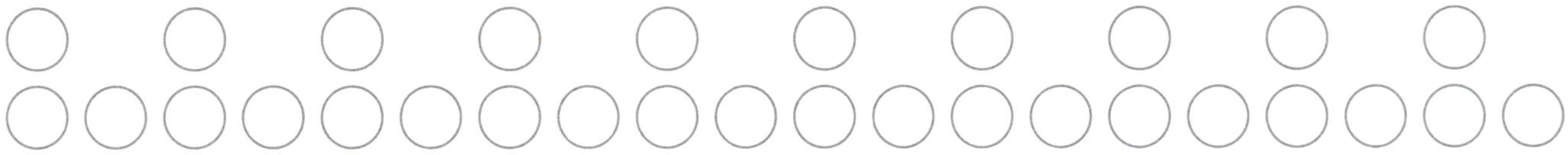

1 Muster erkennen und fortführen. Die Muster können auch gelegt werden. Beim Zeichnen kann es helfen, das Grundmuster zunächst zu markieren. 2 Muster erkennen, fortführen und evtl. mustertreu anmalen. 3 Eigene Muster finden und färben.

→ Schülerbuch, Seite 49

Minus: Es werden weniger

○ 1

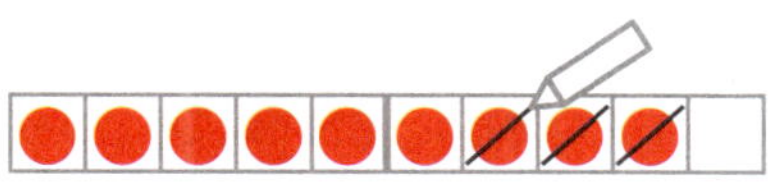

___ – ___ = ___ ___ – ___ = ___ ___ – ___ = ___

○ 2

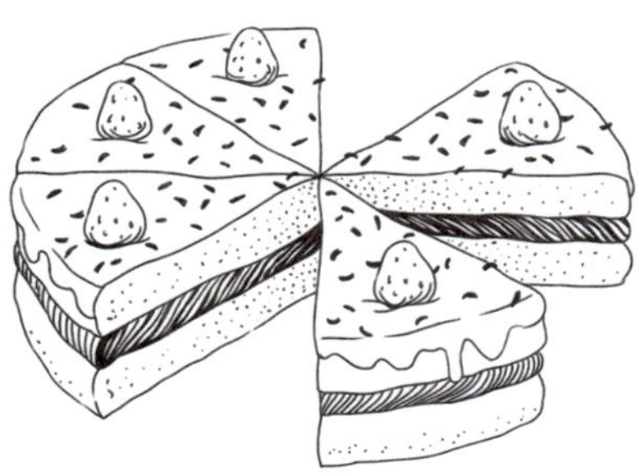

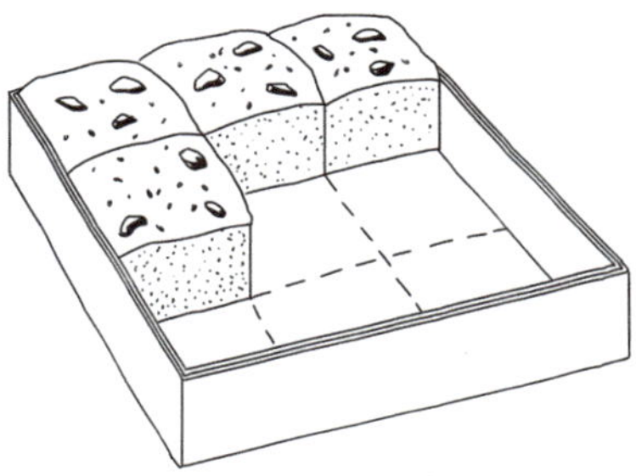

8 – ___ = ___ ___ – ___ = ___ ___ – ___ = ___

◒ 3

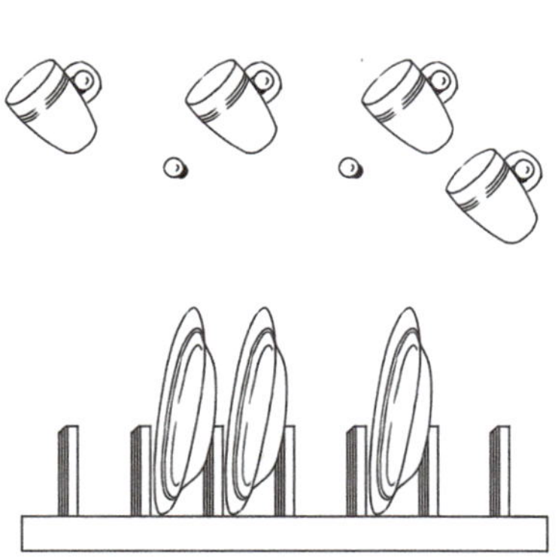

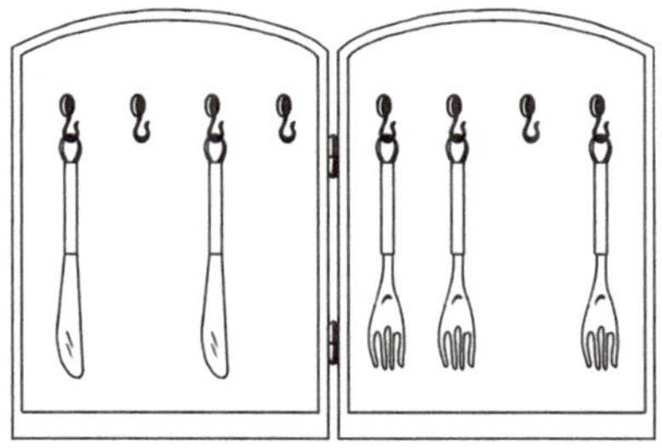

6 – 2 = ___ ___ – ___ = ___ ___ – ___ = ___

___ – ___ = ___ ___ – ___ = ___ ___ – ___ = ___

1, 2 Subtraktionsaufgaben erkennen. Aufgaben mit Plättchen legen und einzeichnen. Aufgaben schreiben und rechnen.
3 Es können jeweils verschiedene Aufgaben gebildet werden.

→ Schülerbuch, Seiten 50/51

Minusaufgaben finden

○ **1**

3 – ___ = ___

___ – ___ = ___

___ – ___ = ___

___ – ___ = ___

___ – ___ = ___

○ **2**

5 – ___ = ___

___ – ___ = ___

___ – ___ = ___

___ – ___ = ___

___ – ___ = ___

___ – ___ = ___

___ – ___ = ___

___ – ___ = ___

___ – ___ = ___

___ – ___ = ___

___ – ___ = ___

___ – ___ = ___

○ **3**

10 – 6 = ___

8 – 6 = ___

9 – 5 = ___

6 – 0 = ___

5 – 2 = ___

7 – 3 = ___

5 – 3 = ___

2 – 1 = ___

6 – 2 = ___

1 Subtraktionsaufgaben im Bild finden, einkreisen und mit Zehnerfeld verbinden. Mit Plättchen nachlegen, einzeichnen, schreiben und rechnen. 2 Subtraktionsaufgaben der Punktedarstellung im Zehnerfeld entnehmen. Mit Plättchen nachlegen, schreiben und rechnen. 3 Subtraktionsaufgaben einzeichnen und die Lösungen eintragen.

→ Schülerbuch, Seite 52/53

Minusaufgaben üben

1 Rechne und kontrolliere. Eine Zahl bleibt jeweils übrig.

7 − 1 = 6	5 − 2 = ___	10 − 2 = ___	8 − 2 = ___
8 − 4 = ___	4 − 1 = ___	8 − 6 = ___	4 − 4 = ___
4 − 0 = ___	9 − 2 = ___	7 − 2 = ___	10 − 1 = ___
9 − 8 = ___	3 − 3 = ___	8 − 3 = ___	9 − 3 = ___
6 − 0 = ___	8 − 1 = ___	2 − 0 = ___	8 − 8 = ___
1 1 4 4 ~~6~~ 6	0 0 3 3 7 7	2 2 5 5 8 8	0 0 6 6 9 9

2

8 − 7 = ___	5 − 2 = ___	1 − 1 = ___	7 − 6 = ___
1 − 0 = ___	7 − 7 = ___	5 − 4 = ___	5 − 5 = ___
7 − 3 = ___	6 − 2 = ___	2 − 2 = ___	9 − 7 = ___
7 − 0 = ___	0 − 0 = ___	5 − 0 = ___	6 − 6 = ___
9 − 5 = ___	4 − 1 = ___	6 − 5 = ___	5 − 3 = ___
1 1 4 4 7 7	0 0 3 3 4 4	0 0 1 1 5 5	0 0 1 1 2 2

3 Male richtig aus.

6 − 3 | 7 − 2 | 3 − 1 | 9 − 4 | 3 − 0

8 − 5 | 6 − 4 | 10 − 7 | 8 − 6

10 − 5

7 − 5

7 − 4 | 10 − 8 | 6 − 1 | 4 − 2 | 9 − 6 | 6 − 3

8 − 2 | ___ − ___ | ___ − ___ | ___ − ___ | ___ − ___

1, 2 Subtraktionsaufgaben lösen und selbstständig kontrollieren. 3 Aufgabenkarten mit der jeweiligen Farbe der Lösung ausmalen. Passende Subtraktionsaufgaben für das Ergebnis 6 finden.

→ Schülerbuch, Seite 53

Aufgabenrollen

○ 1

7 − 6 = ___
7 − 5 = ___
7 − 4 = ___
7 − 3 = ___
7 − 2 = ___
7 − 1 = ___

9 − 2 = ___
8 − 2 = ___
7 − 2 = ___
6 − 2 = ___
5 − 2 = ___
4 − 2 = ___

10 − 5 = ___
8 − 4 = ___
6 − 3 = ___
4 − 2 = ___
2 − 1 = ___
0 − 0 = ___

○ 2

10 − 0 = ___
10 − 1 = ___
10 − 2 = ___
10 − 3 = ___
___ − ___ = ___
___ − ___ = ___
___ − ___ = ___

1 − 1 = ___
2 − 2 = ___
3 − 3 = ___
4 − 4 = ___
___ − ___ = ___
___ − ___ = ___
___ − ___ = ___

8 − 6 = ___
7 − 5 = ___
6 − 4 = ___
5 − 3 = ___
___ − ___ = ___
___ − ___ = ___
___ − ___ = ___

◒ 3

9 − 1 = ___
9 − 3 = ___
8 − 1 = ___
8 − 3 = ___
7 − ___ = ___
___ − ___ = ___
___ − ___ = ___
___ − ___ = ___
___ − ___ = ___

10 − 7 = ___
10 − 6 = ___
9 − 5 = ___
9 − 4 = ___
8 − ___ = ___
___ − ___ = ___
___ − ___ = ___
___ − ___ = ___

8 − 2 = ___
___ − ___ = ___
___ − ___ = ___
___ − ___ = ___
___ − ___ = ___
___ − ___ = ___
___ − ___ = ___

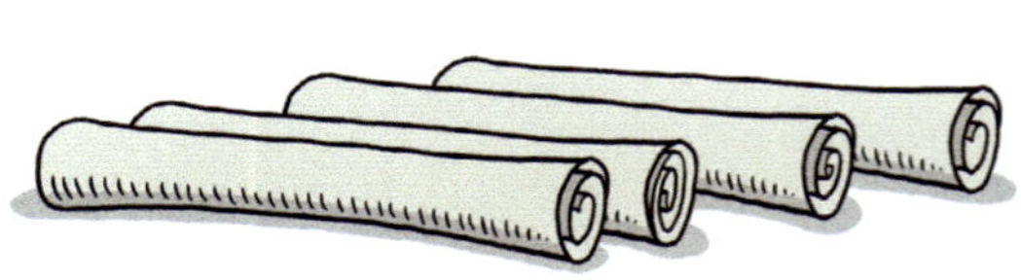

1 Aufgabenrollen ausrechnen. 2, 3 Aufgabenrollen ausrechnen. Dabei arithmetische Muster entdecken und fortführen. Eine eigene Aufgabenrolle erfinden und rechnen.

→ Schülerbuch, Seite 54

Umkehraufgaben

○ 1

7 − 3 = ___
___ + 3 = ___

6 − 5 = ___
___ + 5 = ___

7 − 7 = ___
___ + ___ = ___

5 + 2 = ___
___ − 2 = ___

1 + 7 = ___
___ − 7 = ___

0 + 10 = ___
___ − ___ = ___

○ 2

5 − 4 = ___	7 − 6 = ___	6 + 4 = ___	7 + 3 = ___
______	______	______	______
6 − 4 = ___	9 − 2 = ___	3 + 4 = ___	3 + 6 = ___
______	______	______	______
8 − 0 = ___	10 − 9 = ___	0 + 5 = ___	8 + 2 = ___
______	______	______	______

◒ 3

3 + 5 = 8

5 + 3 = ___

8 − 2 = ___

5 − 3 = ___

2 + 3 = ___

2 + 6 = ___

8 − 5 = ___

8 − 3 = ___

5 − 2 = ___

3 + 2 = ___

8 − 6 = ___

6 + 2 = ___

1 Aufgabe und Umkehraufgabe legen, zeichnen und lösen. 2 Zur Aufgabe die Umkehraufgabe notieren und lösen.
3 Die Aufgaben lösen und mit ihrer Umkehraufgabe verbinden.

→ Schülerbuch, Seite 55

Zahlenmauern

○ **1**

Oben	Unten links	Unten rechts
7	5	2
	1	6
	6	4
	2	3
	3	6
	1	4
	5	5
	0	8
	1	9
	6	0

○ **2**

Oben	Unten links	Unten rechts
7	2	
6	3	
9	7	
5	4	
10	3	
3		1
8		7
9		2
7		1
10		6

○ **3** Rechne und setze fort.

Oben	Unten links	Unten rechts
1	0	1
	1	1
	2	1
	3	1
9	9	0
9	8	
9	7	
9		

◒ **4** Finde verschiedene Mauern.

1 3 4 5 7 10

Oben	Unten links	Unten rechts
4	1	3

1–3 Fehlende Zahlen auf den Steinen der Zahlenmauern eintragen. 3 Muster erkennen und fortsetzen.
4 Aus den gegebenen Steinen Zahlenmauern bauen und die Zahlen eintragen.

→ Schülerbuch, Seite 56

Minusaufgaben üben

○ **1** Rechne und kontrolliere. Eine Zahl bleibt jeweils übrig.

8 − 1 = 7	9 − ___ = 1	___ − 1 = 8	___ − 5 = 2
1 − ___ = 0	7 − ___ = 7	___ − 4 = 4	___ − 9 = 0
7 − ___ = 3	6 − ___ = 2	___ − 2 = 4	___ − 3 = 7
7 − ___ = 0	0 − ___ = 0	___ − 0 = 6	___ − 5 = 2
9 − ___ = 5	8 − ___ = 0	___ − 2 = 6	___ − 2 = 7
🔑 1 ~~1~~ 4 4 7 7	0 0 4 4 8 8	6 6 8 8 9 9	7 7 9 9 10 10

◒ **2**

6 − 2 − 2 = ___	9 − 1 − 1 = ___	10 − 3 − ___ = 3
9 − 1 − 2 = ___	6 − 3 − 2 = ___	10 − 2 − ___ = 2
7 − 0 − 3 = ___	8 − 0 − 1 = ___	10 − 2 − ___ = 7
8 − 3 − 1 = ___	9 − 2 − 3 = ___	10 − 4 − ___ = 5
9 − 5 − 2 = ___	5 − 3 − 1 = ___	10 − 6 − ___ = 0
🔑 2 2 4 4 6 6	1 1 4 4 7 7	1 1 4 4 6 6

◒ **3**

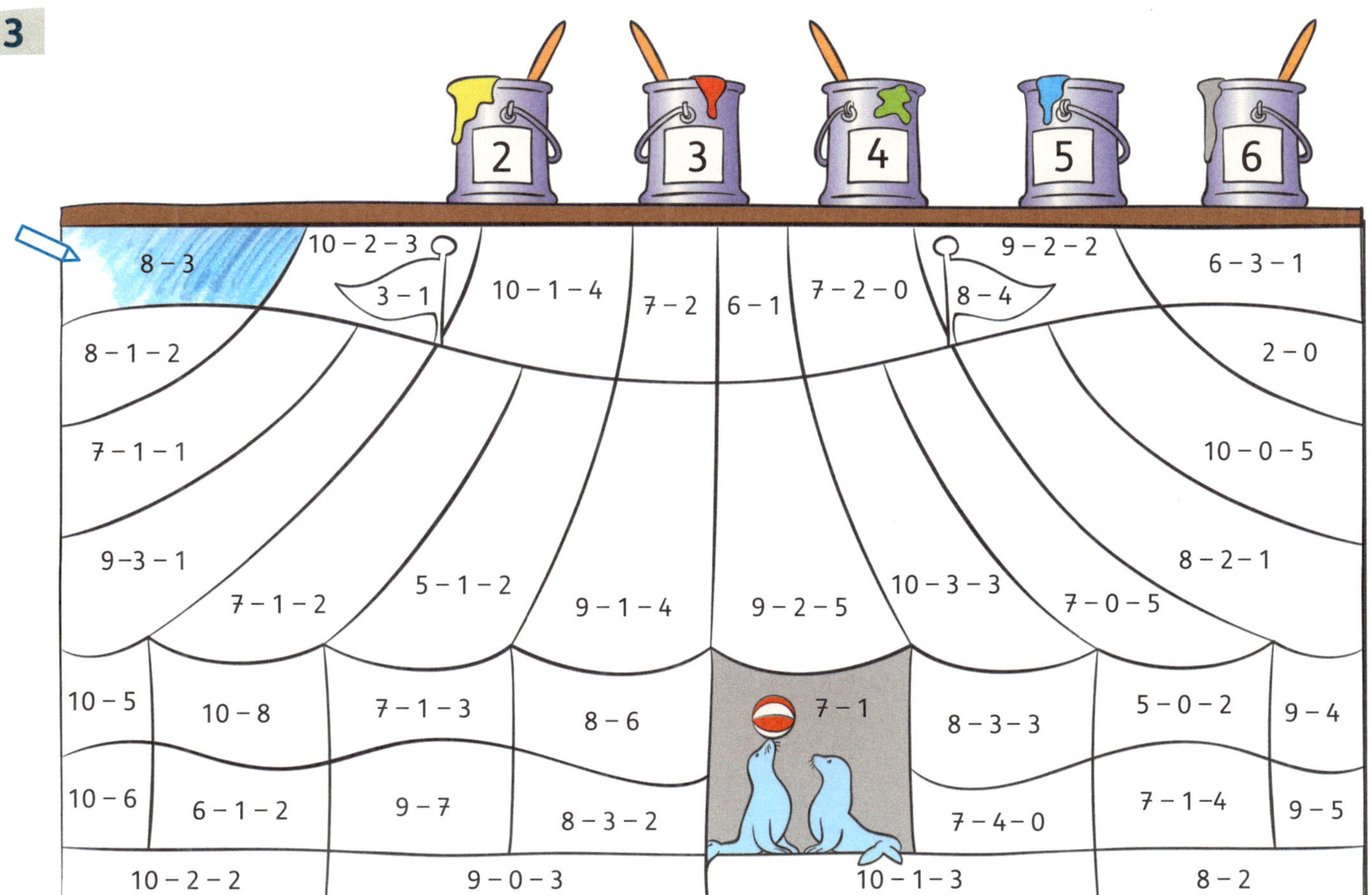

1, 2 Subtraktionsaufgaben lösen und selbstständig kontrollieren. 3 Aufgaben ausrechnen und Felder mit der jeweiligen Farbe der Lösung ausmalen.

→ Schülerbuch, Seite 57

Wiederholung

○ **1** Rechne auch die Tauschaufgabe.

1 + 4 = ___	4 + 2 = ___	5 + 3 = ___	1 + 3 = ___
4 + ___ = ___	___ + ___ = ___	___ + ___ = ___	___ + ___ = ___
5 + 4 = ___	4 + 0 = ___	6 + 2 = ___	6 + 4 = ___
___ + ___ = ___	___ + ___ = ___	___ + ___ = ___	___ + ___ = ___

○ **2** Kontrolliere mit der Umkehraufgabe.

4 − 3 = 1	7 − 2 = ___	8 − 8 = ___	8 − 3 = ___
1 + 3 = ___	___ + ___ = ___	___ + ___ = ___	___ + ___ = ___
6 + 3 = ___	2 + 7 = ___	3 + 4 = ___	5 + 5 = ___
___ − 3 = ___	___ − ___ = ___	___ − ___ = ___	___ − ___ = ___

○ **3**

● **4**

2 + 0 = ___	10 − 7 = ___	5 + ___ = 6
5 + 1 = ___	10 − 6 = ___	5 − ___ = 4
2 + 2 = ___	9 − 5 = ___	5 + ___ = 7
5 + 3 = ___	9 − 4 = ___	5 − ___ = 3
2 + 4 = ___	8 − ___ = ___	5 + ___ = 8
5 + ___ = ___	___ − ___ = ___	5 − ___ = ___
___ + ___ = ___	___ − ___ = ___	___

1 Aufgabe und Tauschaufgabe ausrechnen. 2 Aufgabe und Umkehraufgabe ausrechnen. 3 Muster aus geometrischen Formen farbig nachspuren. 4 Aufgabenrollen bearbeiten. Muster entdecken und fortführen.
Selbst einschätzen, wie erfolgreich die Seite bearbeitet wurde, und entsprechenden Raben ankreuzen.

→ Schülerbuch, Seiten 58/59

Knobeln mit Formen

○ **1** Finde jeweils das . Immer 2 Teile gehören zusammen.

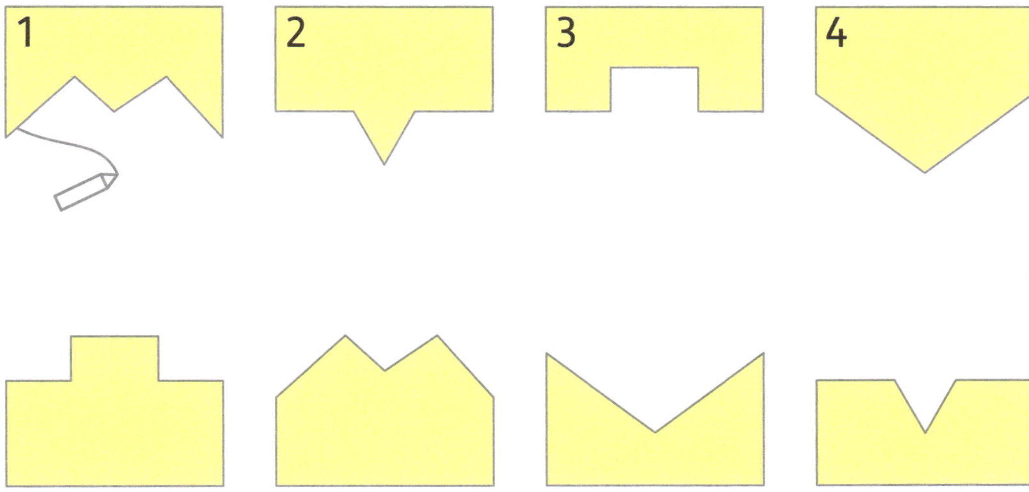

○ **2** Finde jeweils das . Immer 2 Teile gehören zusammen.

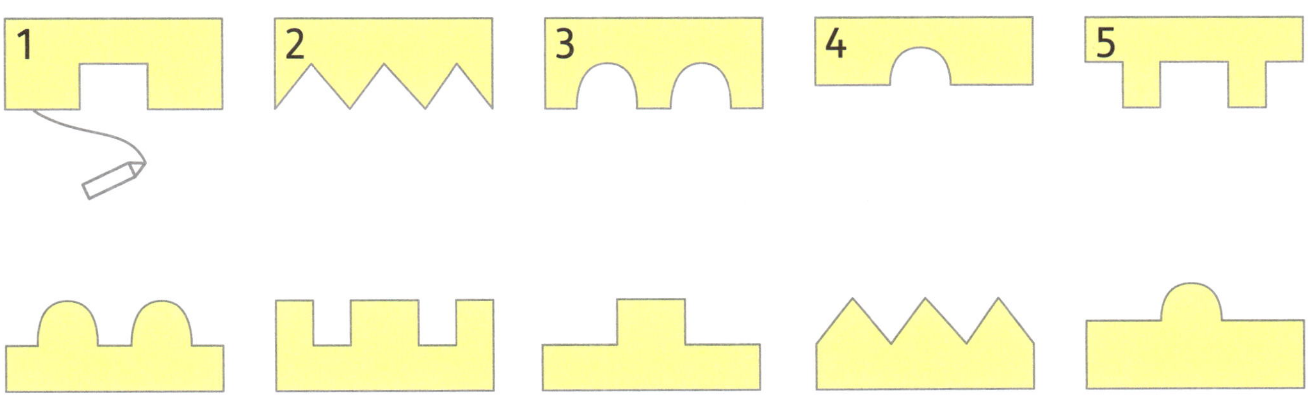

◒ **3** Finde jeweils den . Immer 2 Teile gehören zusammen.

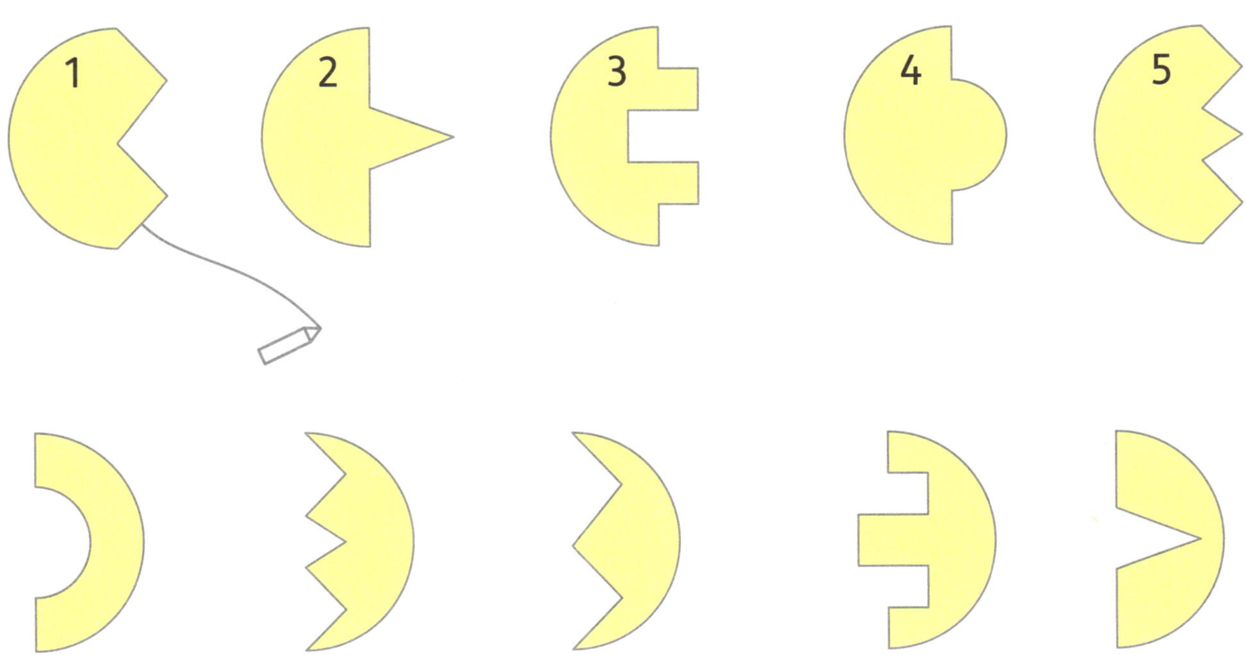

1–3 Die Formen (Quadrat, Rechteck, Kreis) wurden in jeweils zwei Teile zerschnitten. Die Figuren in der Vorstellung zur Ausgangsform zusammensetzen und entsprechende Verbindungslinien ziehen.

→ Schülerbuch, Seite 61

Die Zahlen bis 20

○ **1**

13

18

12

16

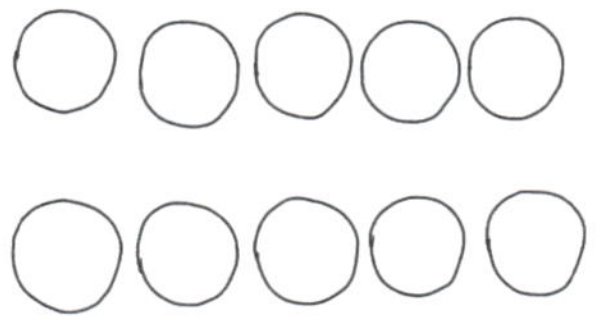

15

17

18

○ **2**

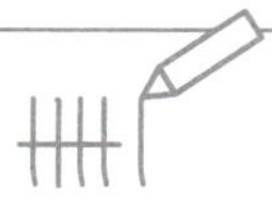

11

15

17

12

1 Die passende Zahl eintragen bzw. fehlende Mengen strukturiert ergänzen. 2 Fehlende Strichdarstellungen strukturiert ergänzen. (Fünferbündelung beachten.)

→ Schülerbuch, Seiten 62/63

Nachbarzahlen bis 20

○ **1**

○ **2**

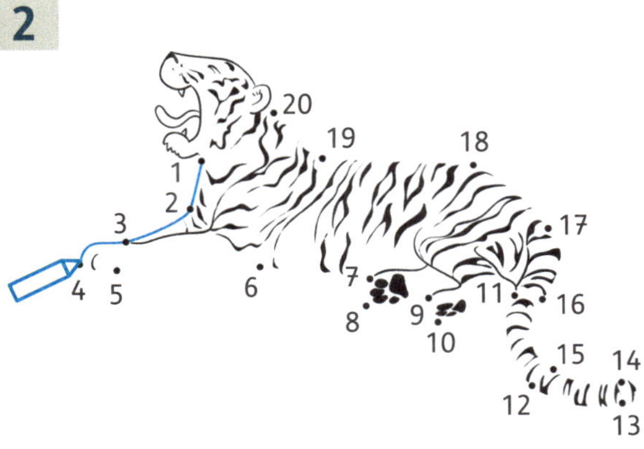

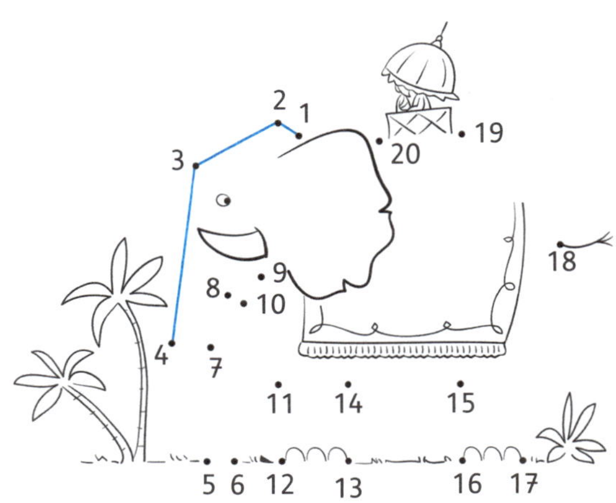

○ **3**

V	Z	N
13	14	15
	17	
	16	

V	Z	N
	11	
	13	
	19	

V	Z	N
9		
		13
15		

V	Z	N
18		
	12	
		15

1 Die Zahlenreihe von 1 bis 20 und Ausschnitte aus der Zahlenreihe vervollständigen. **2** Zahlen jeweils der Reihe nach verbinden. **3** Die fehlenden Zahlen in die Tabelle eintragen.

→ Schülerbuch, Seite 64

Zahlen bis 20 bündeln

○ 1 Wie viele sind es?

○ 2

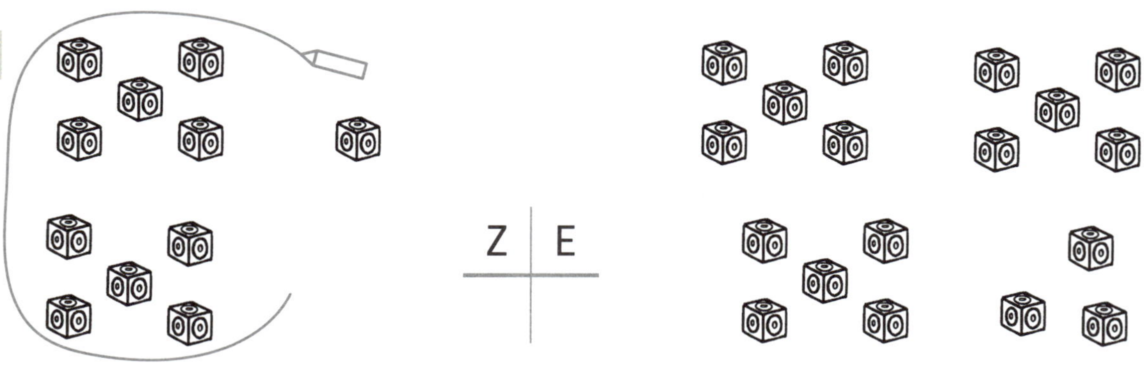

Z	E

Z	E

○ 3

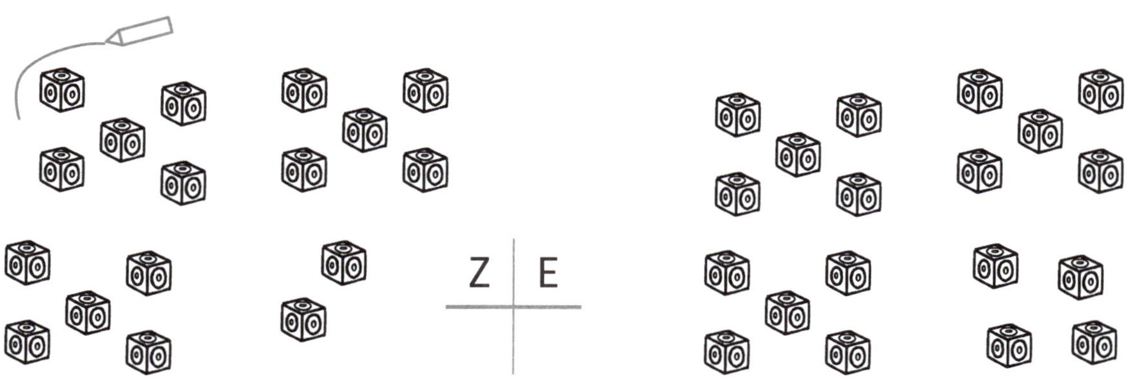

Z	E

Z	E

○ 4

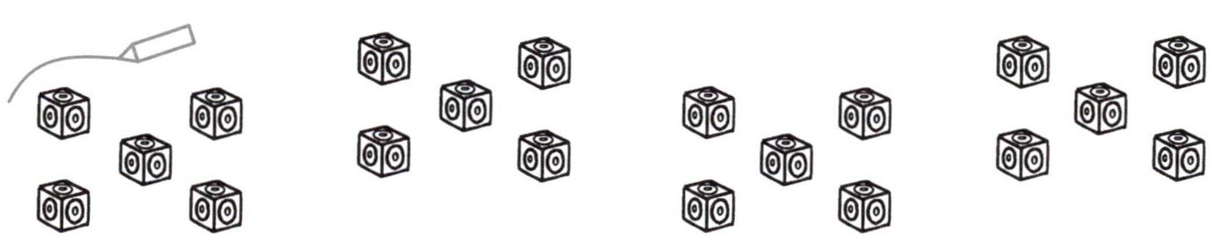

Z	E

○ 5

Z	E

Z	E

1 Anzahl der Gegenstände bestimmen und notieren. **2–5** Immer zehn Steckwürfel einkreisen, restliche Steckwürfel möglichst geschickt erfassen.

→ Schülerbuch, Seite 65

Das Zwanzigerfeld

○ 1 Verbinde.

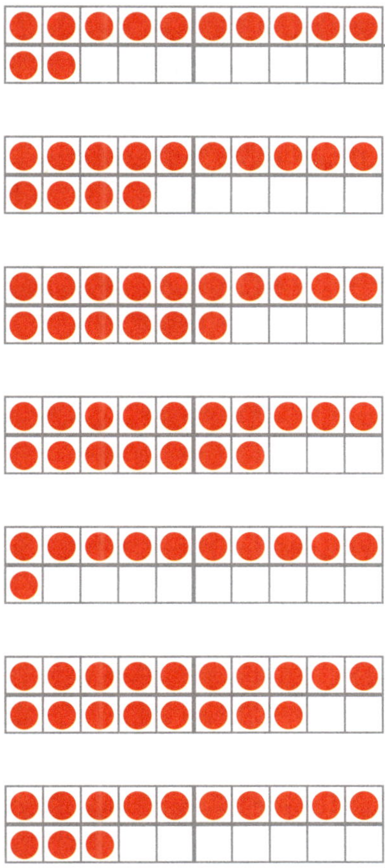

14

12

11

16

18

13

17

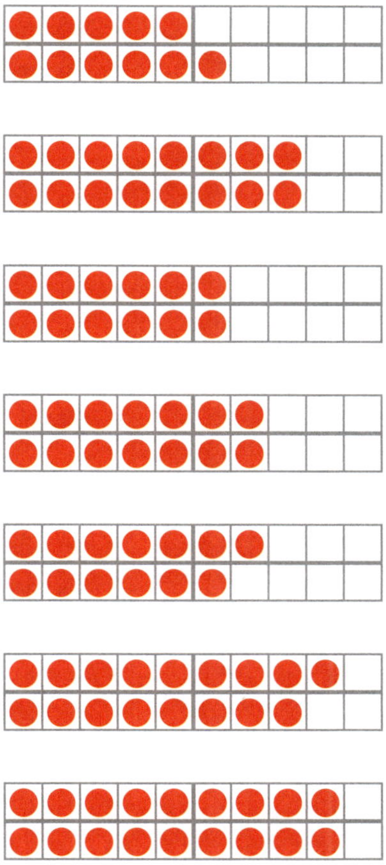

○ 2 Kreise jeweils den Zehner ein.

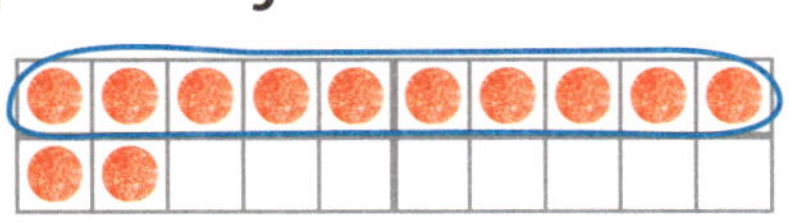

12

19

20

13

15

10

1 Verschiedene Darstellungen im Zwanzigerfeld den Zahlen auf den Zahlenkarten zuordnen. 2 Vorgegebene Anzahlen geschickt in das Zwanzigerfeld eintragen. Zehner markieren. Eigene Aufgaben finden.

→ Schülerbuch, Seite 66

Zuerst 10

○ 1 Zerlege die Zahlen in Zehner und Einer.

13

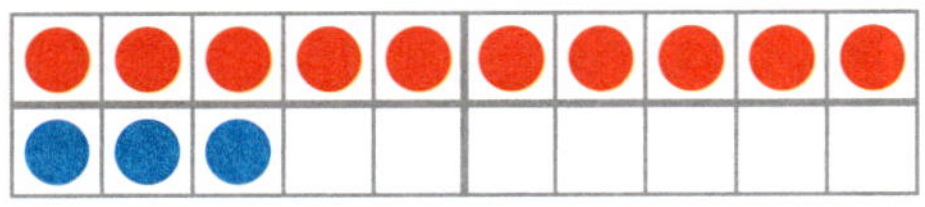

13 = 10 + 3

Z	E
1	3

15

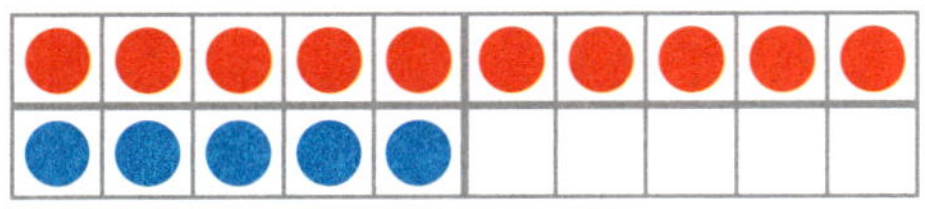

___ = ___ + ___

Z	E

11

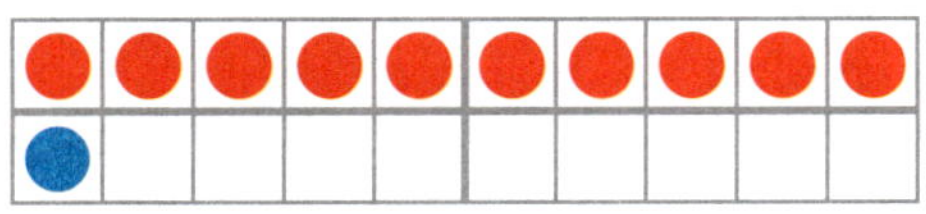

___ = ___ + ___

Z	E

19

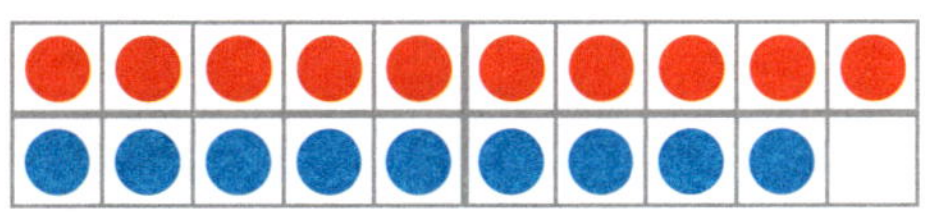

___ = ___ + ___

Z	E

16

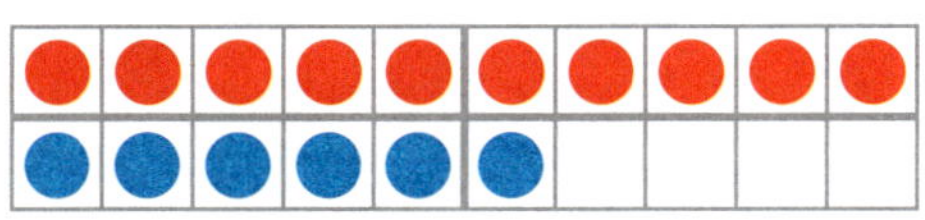

___ = ___ + ___

Z	E

○ 2

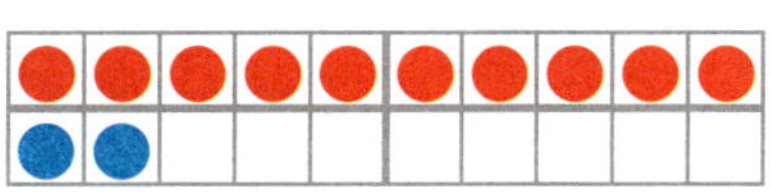

12 = 10 + 2

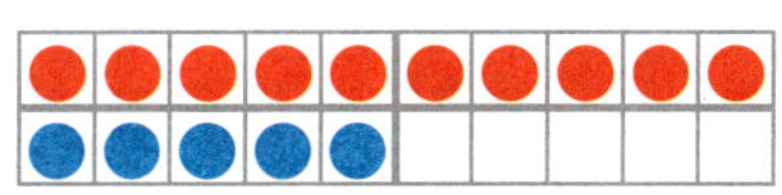

15 = ___ + ___

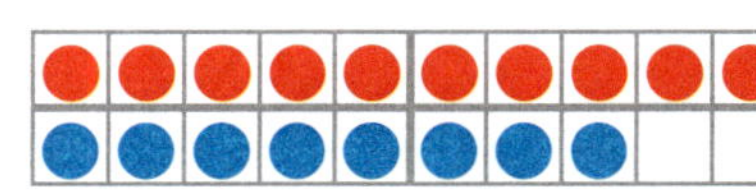

___ = ___ + ___

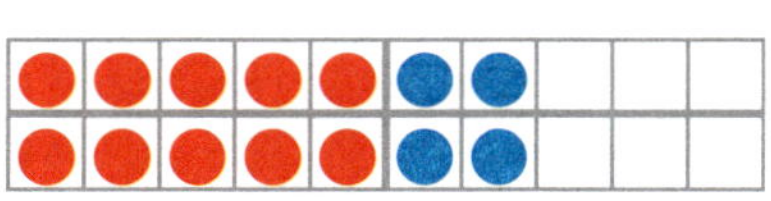

14 = ___ + ___

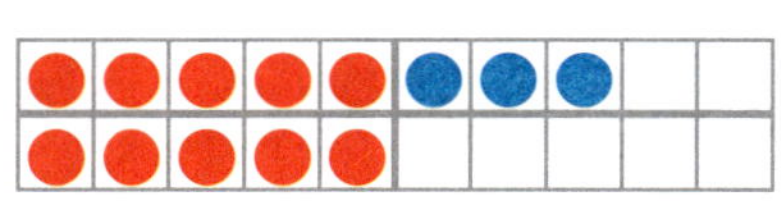

___ = ___ + ___

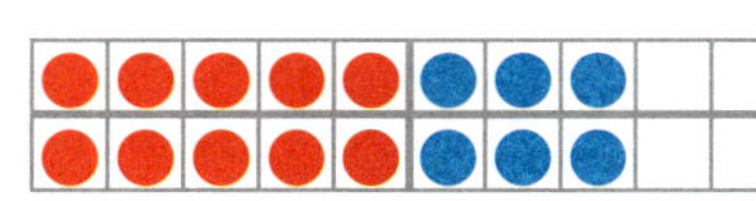

___ = ___ + ___

19 = ___ + ___

17 = ___ + ___

___ = ___ + ___

○ 3

17 = 10 + 7	15 = 10 + ___	___ = 10 + 1	___ = 10 + 6
19 = ___ + 9	18 = ___ + 8	___ = 10 + 5	___ = 10 + 3
14 = 10 + ___	10 = 10 + ___	___ = 10 + 2	___ = 10 + 10

1 Zahlzerlegung vervollständigen und die Zahlen in Zehner und Einer zerlegen. 2 Zahlzerlegung vervollständigen. Dabei den Fokus auf „zuerst 10" legen (z. B. 14 = 10 + 4 statt 14 = 7 + 7, obwohl die Verdopplung ebenfalls korrekt wäre). 3 Zahlzerlegung vervollständigen.

→ Schülerbuch, Seite 67

Zahlen vergleichen

○ **1**

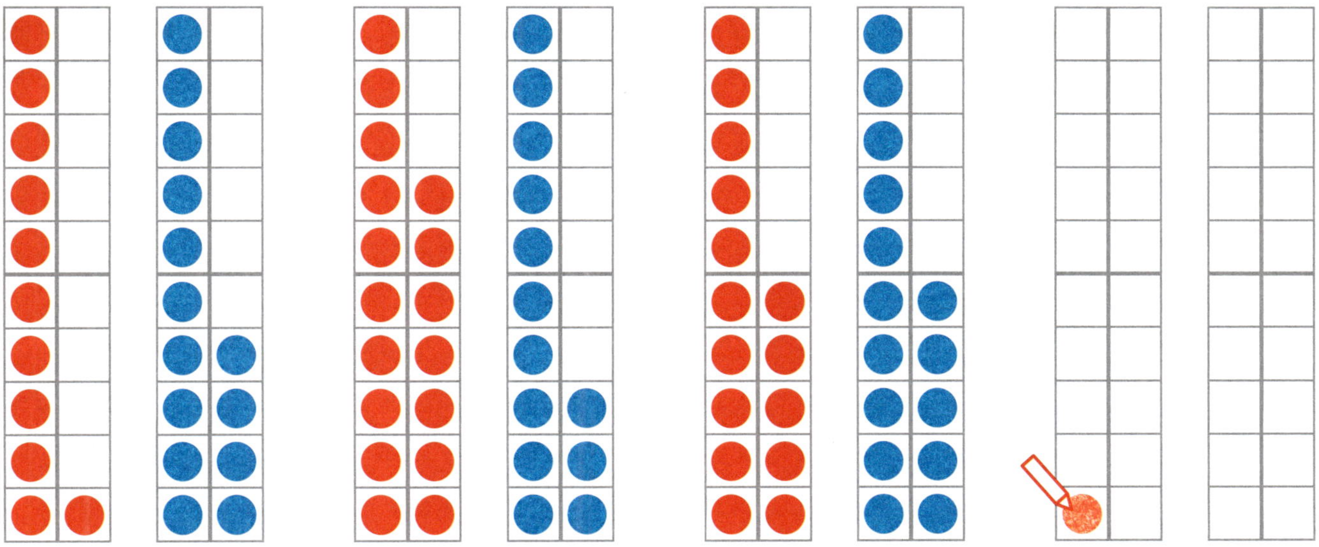

11 < ___   ___ ◯ ___   ___ ◯ ___   16 ◯ 12

○ **2**

4 > 1	5 ◯ 8	7 ◯ 7	9 ◯ 3	0 ◯ 10
14 ◯ 11	15 ◯ 18	17 ◯ 17	19 ◯ 13	10 ◯ 20
6 ◯ 9	2 ◯ 5	3 ◯ 10	7 ◯ 0	8 ◯ 4
16 ◯ 19	12 ◯ 15	13 ◯ 20	17 ◯ 10	18 ◯ 14

○ **3**

16 < 18	12 ◯ 14	15 ◯ 11	17 = ___	18 = ___
16 ◯ 17	13 ◯ 14	19 ◯ 20	17 < ___	18 > ___
16 ◯ 16	14 ◯ 14	8 ◯ 12	17 < ___	18 > ___
16 ◯ 15	15 ◯ 14	13 ◯ 7	17 > ___	18 < ___

◒ **4** Ordne der Größe nach. Beginne mit der kleinsten Zahl.

11   8   14   12   5

5, ___

19   16   7   10   18

___

6   18   3   4   11

___

15   17   13   2   20

___

1 Anzahl der Plättchen im Zwanzigerfeld erfassen bzw. einzeichnen. Zahlen notieren und Relationszeichen eintragen.
2 Zahlen aus dem ersten und zweiten Zehner paarweise vergleichen. 3 Zahlen vergleichen (teilw. mehrere Möglichkeiten).
4 Zahlen der Größe nach ordnen.

13

→ Schülerbuch, Seite 68

Große und kleine Plusaufgaben

○ **1**

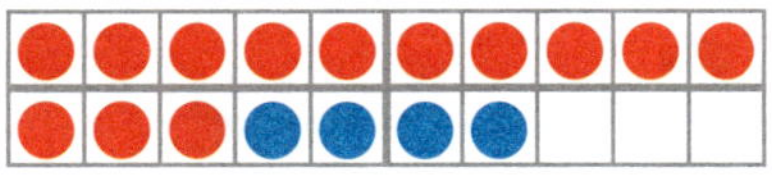

13 + 4 = ___
3 + 4 = 7

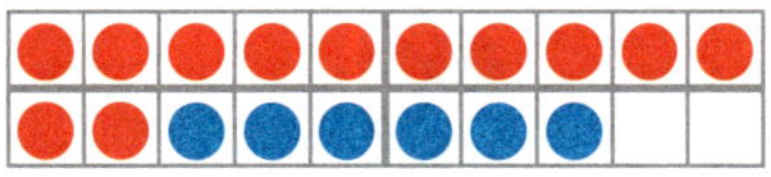

___ + ___ = ___
___ + ___ = ___

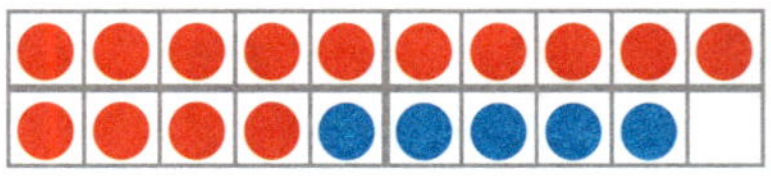

___ + ___ = ___
___ + ___ = ___

11 + 4 = ___
___ + ___ = ___

15 + 3 = ___
___ + ___ = ___

18 + 2 = ___
___ + ___ = ___

○ **2**

16 + 3 = ___	14 + 1 = ___	11 + 6 = ___	15 + 2 = ___
6 + 3 = 9	___ + ___ = ___	___ + ___ = ___	___ + ___ = ___
12 + 0 = ___	10 + 8 = ___	17 + 3 = ___	16 + 4 = ___
___ + ___ = ___	___ + ___ = ___	___ + ___ = ___	___ + ___ = ___

◒ **3**

10 + 2 = ___	12 + 5 = ___	14 + ___ = 15	___ + 9 = 20
11 + 3 = ___	16 + 2 = ___	12 + ___ = 16	___ + 2 = 15
13 + 0 = ___	14 + 3 = ___	10 + ___ = 17	___ + 5 = 20
17 + 2 = ___	11 + 1 = ___	17 + ___ = 17	___ + 1 = 17
15 + 4 = ___	18 + 0 = ___	13 + ___ = 19	___ + 6 = 20
12 13 14 / 15 19 19	12 16 17 / 17 18 18	0 1 4 / 6 7 8	11 12 13 / 14 15 16

◒ **4**

13 + 3 | 17 + 1 | 12 + 2 | 11 + 5 | 10 + 4 | 13 + 1 | 11 + 7

13 + 5 | 14 + 4 | 10 + 6 | 15 + 1

___ + ___ | ___ + ___ | ___ + ___ | ___ + ___

12 + 0 + 2 | 11 + 3 + 5 | 10 + 1 + 7 | 11 + 2 + 3

1 Die große und kleine Additionsaufgabe (Analogieaufgabe) mithilfe des Zwanzigerfeldes lösen. 2 Zur großen Additionsaufgabe die Analogieaufgabe finden und lösen, ggf. mit Plättchen legen. 3 Additionsaufgaben lösen und selbstständig kontrollieren. 4 Aufgabenkarten mit der Farbe der Lösung ausmalen. Passende Aufgaben für das Ergebnis 19 finden.

→ Schülerbuch, Seite 69

Tauschaufgaben

○ **1**

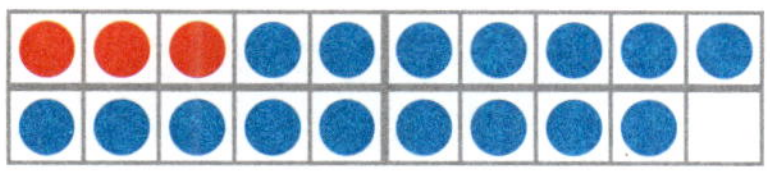

3 + 16 = ____
16 + 3 = ____

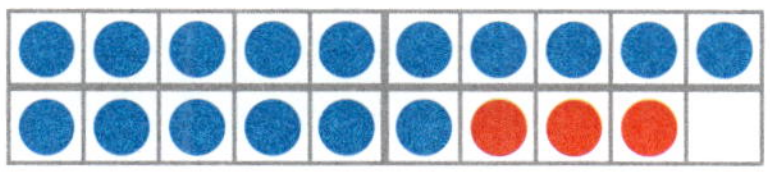

5 + 13 = ____
13 + ____ = ____

4 + 15 = ____
15 + ____ = ____

1 + 12 = ____
____ + ____ = ____

8 + 12 = ____
____ + ____ = ____

6 + 11 = ____
____ + ____ = ____

○ **2**

11 + 4 = ____
____ + ____ = ____

2 + 18 = ____
____ + ____ = ____

6 + 14 = ____
____ + ____ = ____

3 + 17 = ____
____ + ____ = ____

2 + 13 = ____
____ + ____ = ____

10 + 3 = ____
____ + ____ = ____

1 + 18 = ____
____ + ____ = ____

0 + 15 = ____
____ + ____ = ____

◒ **3** Zu jeder Aufgabe passt eine Tauschaufgabe.
Ergänze, verbinde und rechne.

9 + 11 = ____

3 + 16 = ____

10 + 5 = ____

18 + 1 = ____

3 + 14 = ____

11 + 9 = ____

14 + ____ = ____

____ + 3 = ____

1 + ____ = ____

____ + 10 = ____

1 Aufgabe und Tauschaufgabe zeichnen und rechnen. Gegebenenfalls mit Plättchen legen. **2** Zu jeder Aufgabe die Tauschaufgabe bilden und lösen. **3** Zu jeder Aufgabe die passende Tauschaufgabe finden. Diese ergänzen. Beide Aufgaben ausrechnen.

→ Schülerbuch, Seite 70

Große und kleine Minusaufgaben

○ **1**

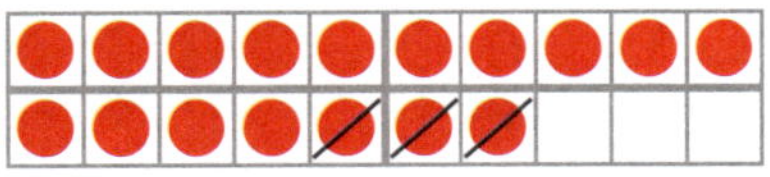

17 − 3 = ____
7 − 3 = 4

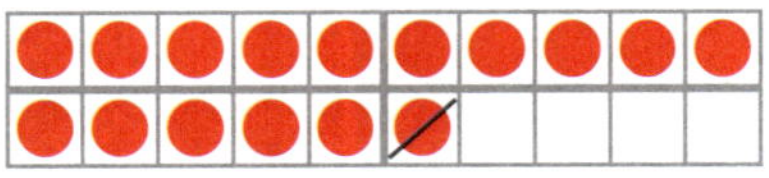

___ − ___ = ___
___ − ___ = ___

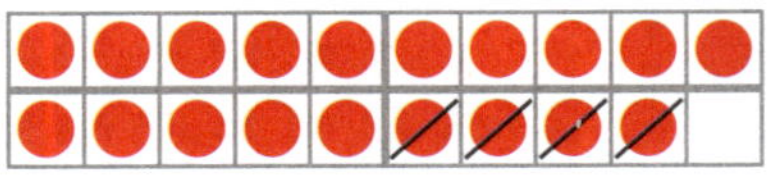

___ − ___ = ___
___ − ___ = ___

18 − 2 = ____
___ − ___ = ___

15 − 5 = ____
___ − ___ = ___

20 − 3 = ____
___ − ___ = ___

○ **2**

18 − 3 = ___	16 − 6 = ___	12 − 2 = ___	19 − 7 = ___
8 − 3 = 5	___ − ___ = ___	___ − ___ = ___	___ − ___ = ___
15 − 1 = ___	17 − 5 = ___	14 − 0 = ___	20 − 9 = ___
___ − ___ = ___	___ − ___ = ___	___ − ___ = ___	___ − ___ = ___

○ **3**

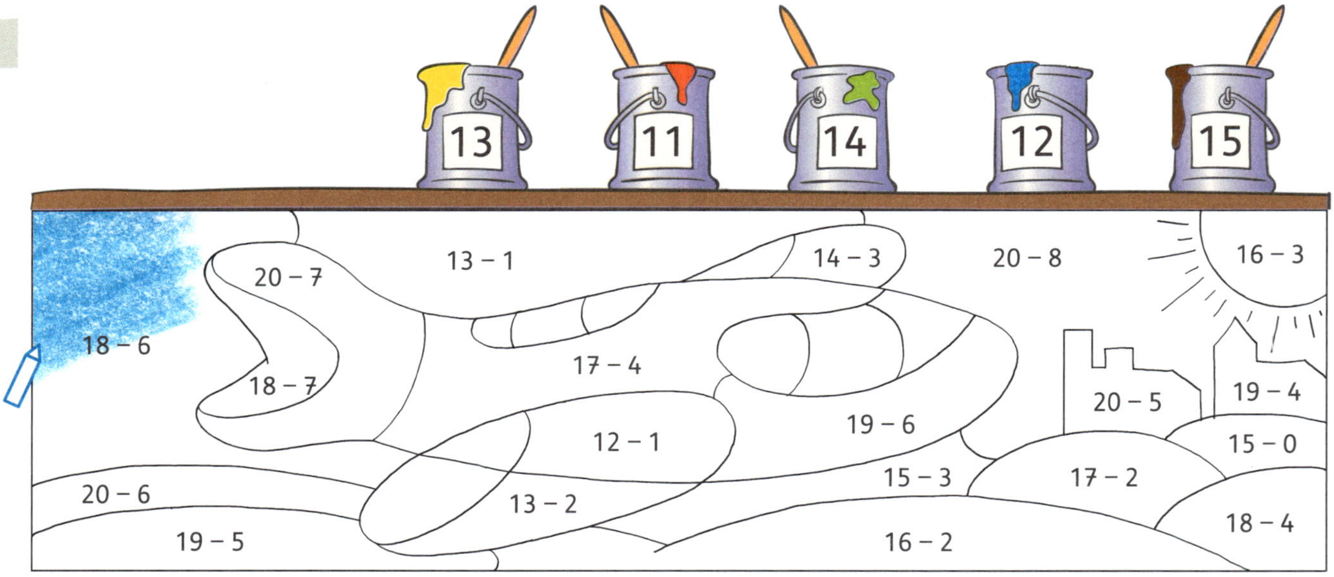

○ **4**

15 − 2 = ___	18 − 5 = ___	19 − ___ = 10	___ − 7 = 11
17 − 6 = ___	13 − 3 = ___	15 − ___ = 11	___ − 2 = 18
12 − 0 = ___	20 − 4 = ___	18 − ___ = 17	___ − 1 = 16
19 − 3 = ___	14 − 2 = ___	16 − ___ = 11	___ − 0 = 13

11 12 13 15 16 | 10 12 13 14 16 | 1 4 5 7 9 | 13 16 17 18 20

1 Die große und kleine Subtraktionsaufgabe (Analogieaufgabe) mithilfe des Zwanzigerfeldes lösen. 2 Zur großen Subtraktionsaufgabe die Analogieaufgabe finden und lösen, ggf. mit Plättchen legen. 3 Aufgabenfelder in den Farben der Ergebnisse ausmalen. 4 Subtraktionsaufgaben lösen und selbstständig kontrollieren.

→ Schülerbuch, Seite 71

Umkehraufgaben

○ **1**

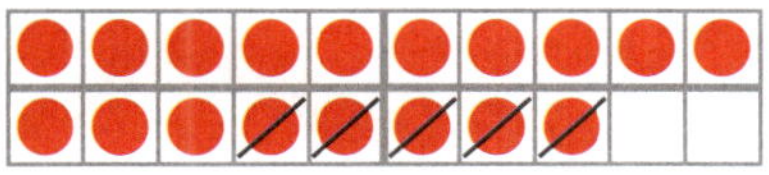

18 − 5 = 13
13 + 5 = ___

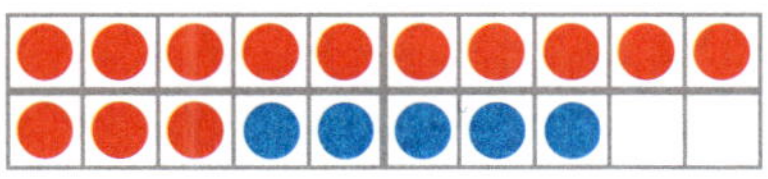

16 − 2 = ___
___ + 2 = ___

19 − 5 = ___
___ + 5 = ___

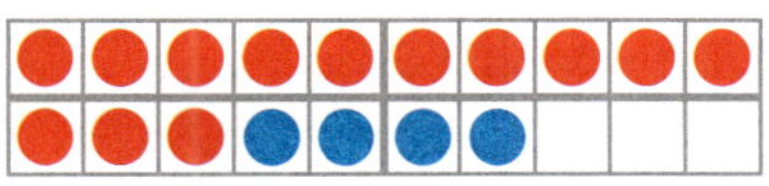

13 + 4 = ___
___ − 4 = ___

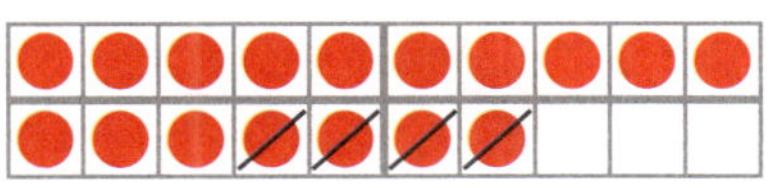

11 + 9 = ___
___ − 9 = ___

15 + 0 = ___
___ − 0 = ___

○ **2**

15 − 2 = 13
13 +

20 − 5 = ___

17 − 6 = ___

14 − 4 = ___

14 + 3 = 17
17 −

15 + 4 = ___

12 + 8 = ___

10 + 6 = ___

◒ **3** Verbinde jede Aufgabe mit ihrer Umkehraufgabe.

15 + 3 = 18

19 − 2 = ___

12 + 7 = ___

14 + 6 = ___

13 + 5 = ___

18 − 5 = ___

18 − 3 = ___

20 − 6 = ___

19 − 7 = ___

17 + 2 = ___

16 + 4 = ___

20 − 4 = ___

1 Plättchen legen und zeichnen. Umkehraufgaben notieren und lösen. **2** Zu den Aufgaben die Umkehraufgaben notieren und ausrechnen. **3** Die Aufgaben ausrechnen und mit ihrer Umkehraufgabe verbinden.

→ Schülerbuch, Seite 72

Aufgabenfamilien

○ 1

7
4 3

4 + 3 = ___
3 + 4 = ___
7 − 3 = ___
7 − 4 = ___

9
8 1

8 + 1 = ___
1 + ___ = ___
9 − 1 = ___
9 − ___ = ___

10
3 7

3 + 7 = ___
___ + ___ = ___
10 − 7 = ___
___ − ___ = ___

○ 2

20
11 9

11 + 9 = ___
9 + 11 = ___
20 − 9 = ___
20 − 11 = ___

16
12 4

12 + 4 = ___
4 + ___ = ___
16 − 4 = ___
16 − ___ = ___

15
10 5

10 + 5 = ___
___ + ___ = ___
15 − 5 = ___
15 − ___ = ___

◒ 3

___
12 2

12 + 2 = ___
2 + 12 = ___
14 − 2 = ___
14 − 12 = ___

___
15 3

15 + 3 = ___
3 + ___ = ___
18 − 3 = ___
18 − ___ = ___

___
13 4

13 + 4 = ___
___ + ___ = ___
17 − 4 = ___
17 − ___ = ___

1 Die Aufgabenfamilien im Zahlenraum bis 10 vervollständigen. 2, 3 Die Aufgabenfamilien im Zahlenraum bis 20 vervollständigen.

→ Schülerbuch, Seite 73

Tabellen

○ 1

○ 2

−	5	7	3
7	2		
9			

−	4	2	1
14			
18			

−	8	9	5
20			
19			

+	3	2	5
5	8		
1			

+	4	1	7
11			
13			

◒ 3

+	4	7	
10			
12			17

+	6	3	
4			8
2			

●

+			
10	15	13	17
12			

−	2	0	
5			
7			4

−	4	5	
15			
17			14

−	4	2	5
	12		
		17	

1 Nach Vorgabe die Häuser in die Tabelle malen. **2, 3** Tabellen ausfüllen.

→ Schülerbuch, Seite 74

Verdoppeln

○ 1 Verdopple.

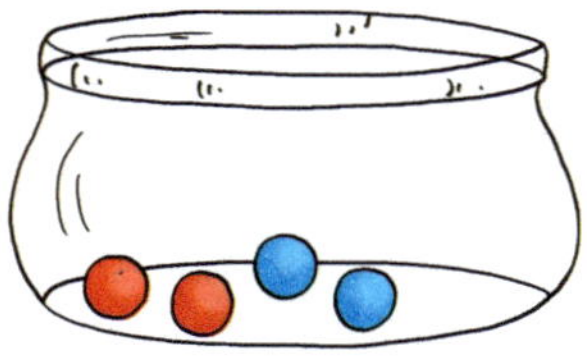

2 + 2 = 4

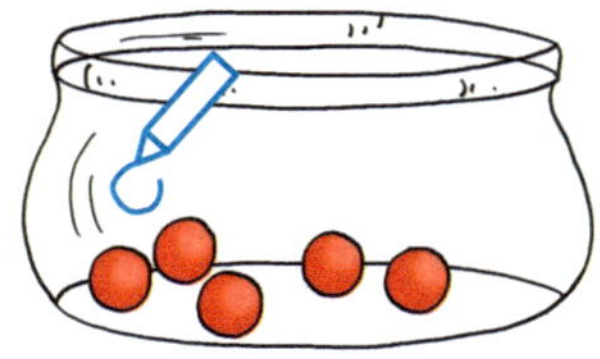

5 + 5 = ___

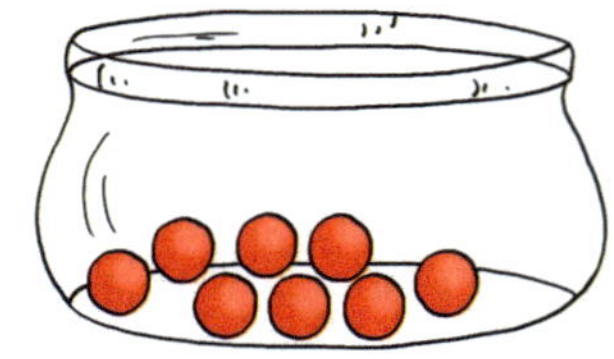

8 + ___ = ___

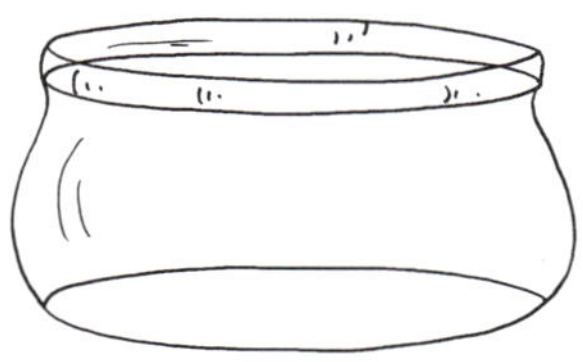

3 + ___ = ___

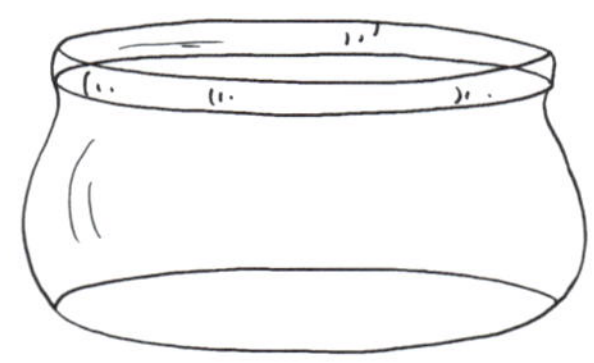

4 + ___ = ___

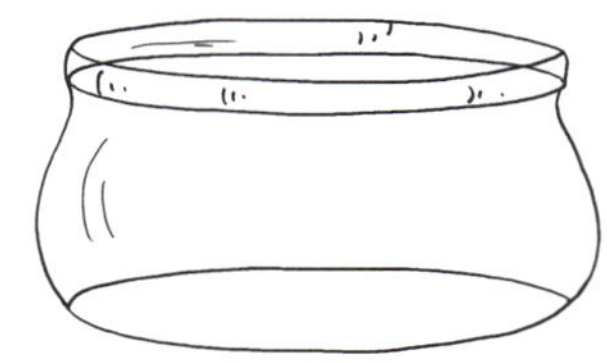

7 + ___ = ___

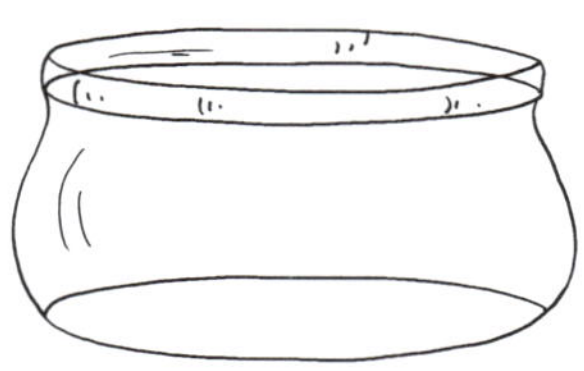

___ + ___ = ___

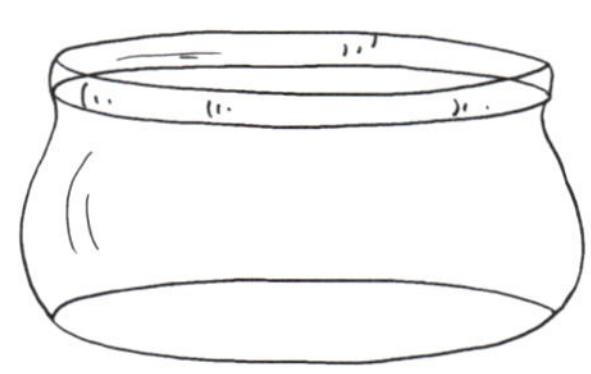

___ + ___ = ___

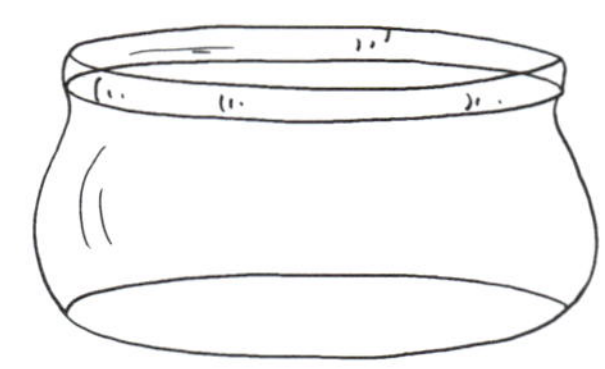

___ + ___ = ___

◒ 2 Verdopple.

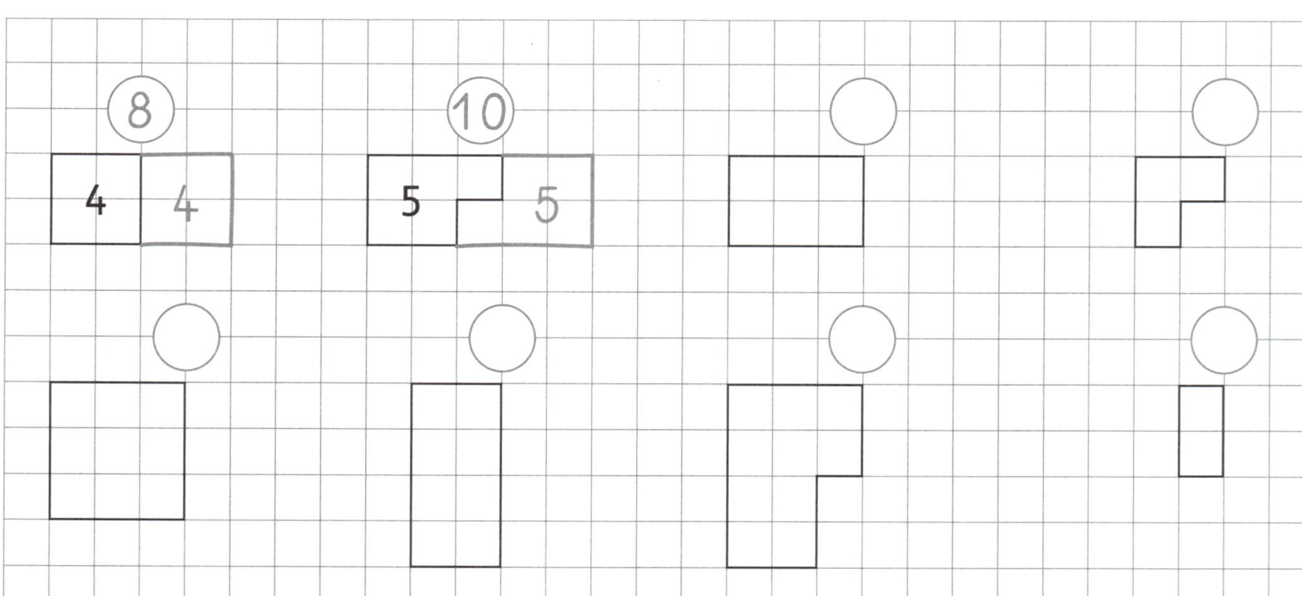

◒ 3

die Zahl	2	5	8							
das Doppelte	4									

1 Anzahl der Kugeln verdoppeln, einzeichnen und Gleichung notieren. 2 Verdopplungsaufgaben zeichnerisch lösen. Anzahlen notieren. 3 Eigene Verdopplungsaufgaben finden und die Tabelle vervollständigen.

→ Schülerbuch, Seite 76

Halbieren

○ **1**

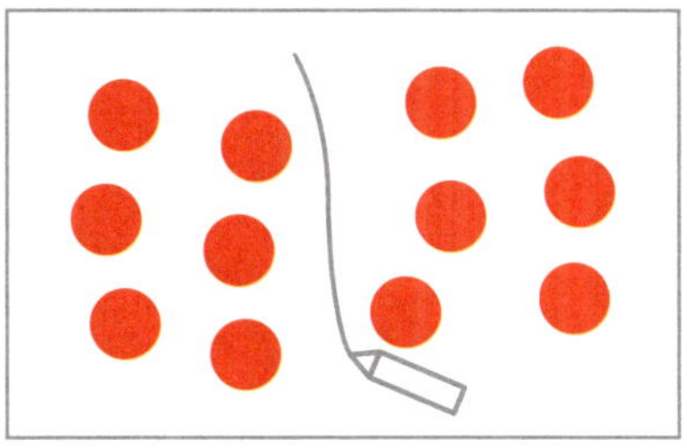

12 = +

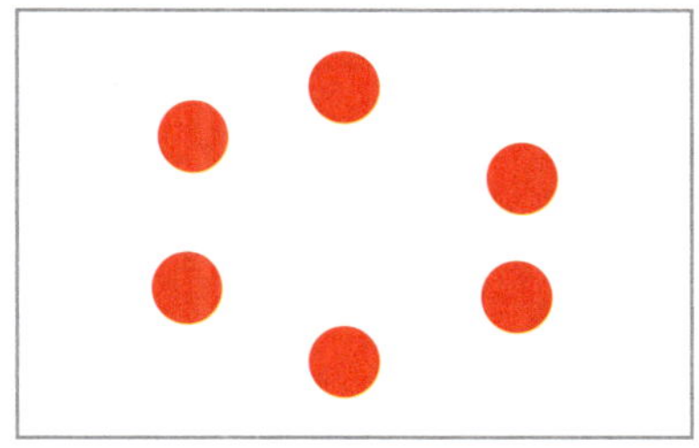

6 = +

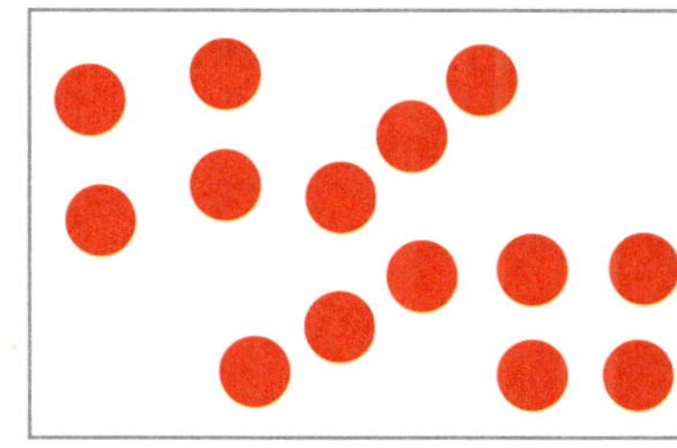

14 = +

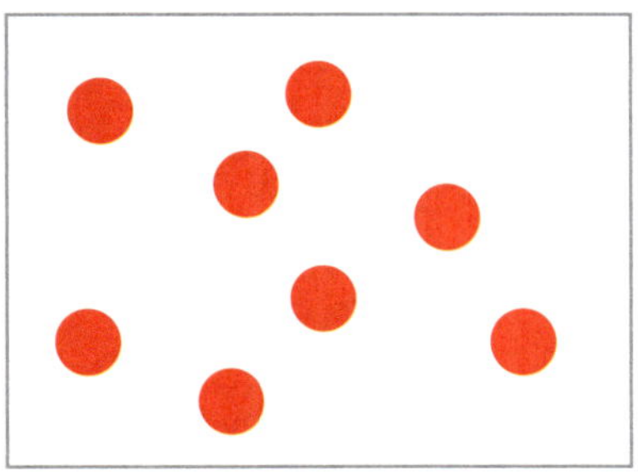

8 = +

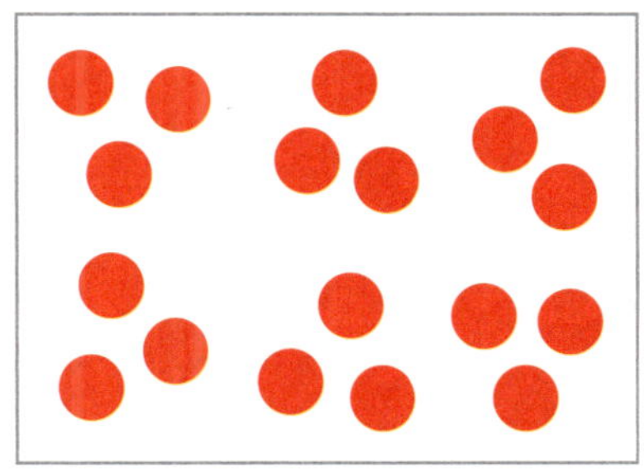

18 = +

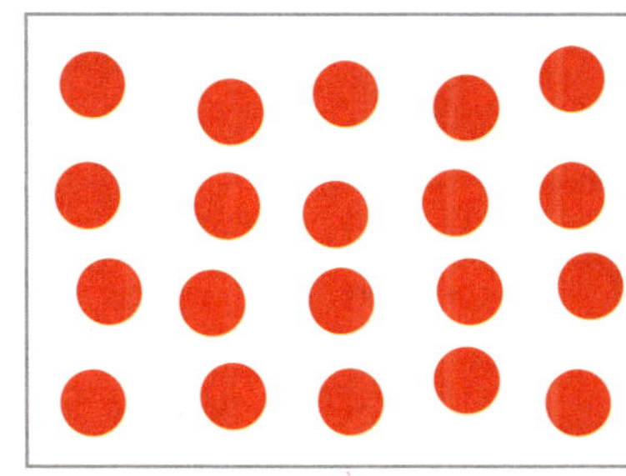

20 = +

◒ **2** Halbiere.

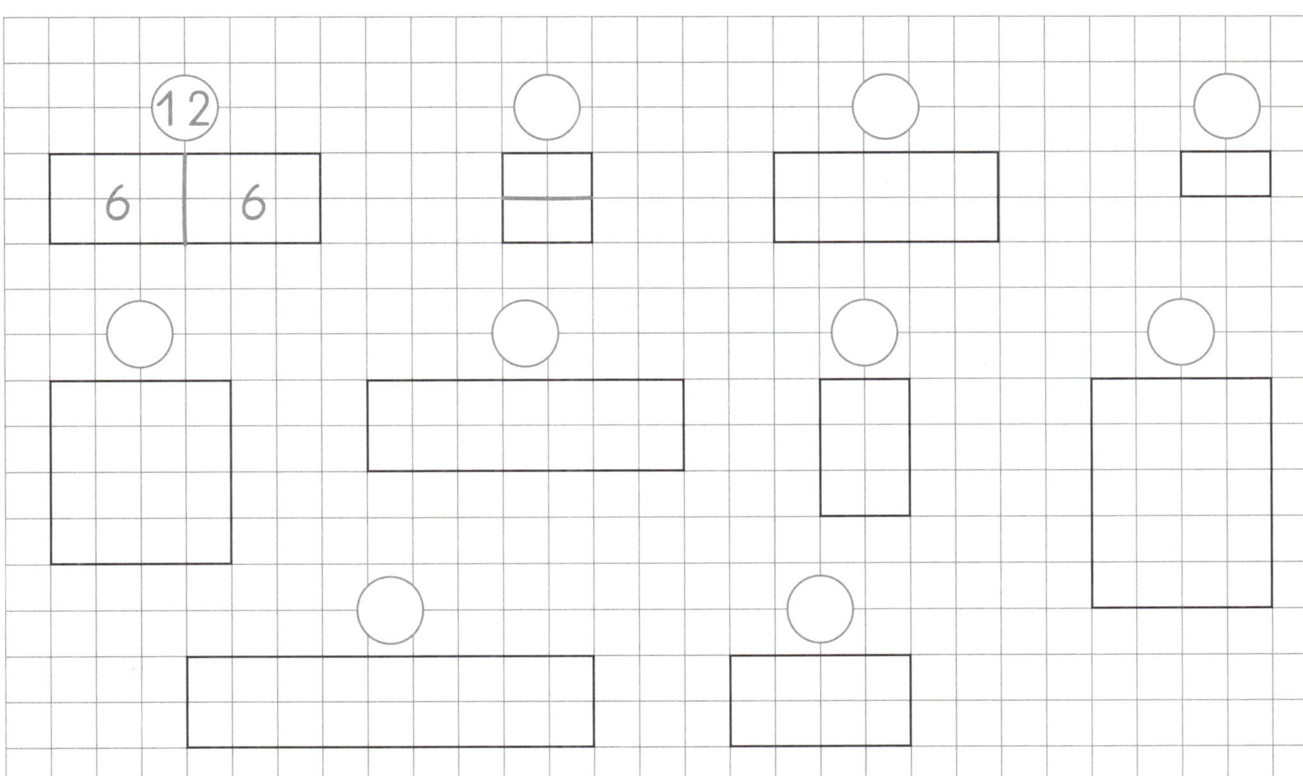

◒ **3**

die Zahl	12	4	10							
die Hälfte	6									

1 Die Plättchen durch eine Halbierungslinie gleich aufteilen. Die Halbierungsaufgabe notieren. 2 Figuren halbieren und Zahlen notieren. 3 Eigene Halbierungsaufgaben finden und die Tabelle vervollständigen.

→ Schülerbuch, Seite 77

Figuren legen

○ **1** Lege unterschiedlich aus. Zähle. Schreibe auf.

□	2
△	0
△ (klein)	0
gesamt	2

□	
△	
△ (klein)	
gesamt	

□	
△	
△ (klein)	
gesamt	

□	
△	
△ (klein)	
gesamt	

○ **2**

□	
△	
△ (klein)	
gesamt	

□	
△	
△ (klein)	
gesamt	

□	
△	
△ (klein)	
gesamt	

□	
△	
△ (klein)	
gesamt	

◒ **3** Lege nach und zähle. Schreibe auf.

□	
△	
△ (klein)	
gesamt	

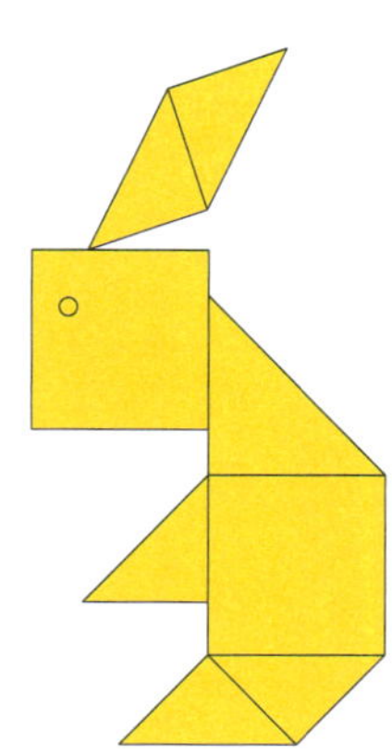

□	
△	
△ (klein)	
gesamt	

1, 2 Figuren unterschiedlich mit Geoplättchen auslegen und die jeweils verwendeten Formen zählen und notieren. Dabei auch geschickt Tauschregeln nutzen, um weitere Möglichkeiten zu finden. **3** Figuren mit Geoplättchen nachlegen und die jeweils verwendeten Formen zählen und notieren.

→ Schülerbuch, Seite 78

Muster zeichnen

○ **1** Zeichne Muster.

○ **2**

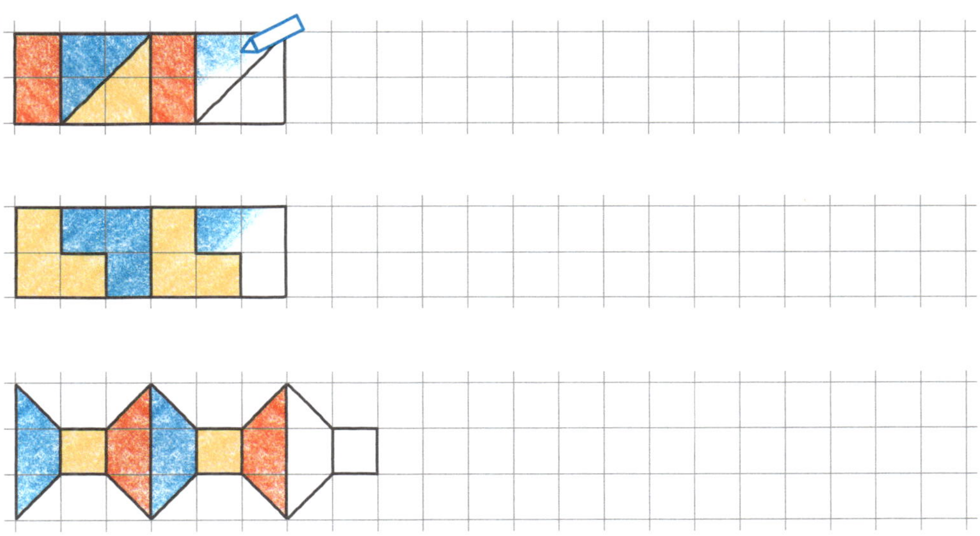

◒ **3** Zeichne die Figuren.

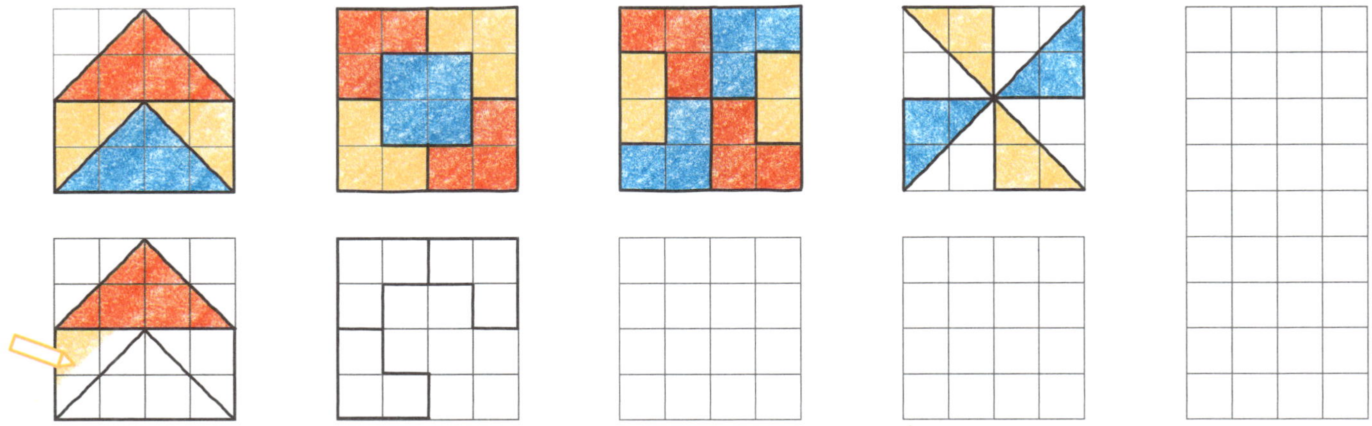

1 Angefangene Muster nachspuren und fortsetzen. **2** Bandornamente im Kästchenraster fortsetzen. **3** Abgebildete Muster im unteren Raster zeichnen und nach Vorgabe ausmalen. Eine weitere eigene Figur zeichnen.

→ Schülerbuch, Seite 80

Geobrett

○ 1 Spanne und zeichne Figuren.

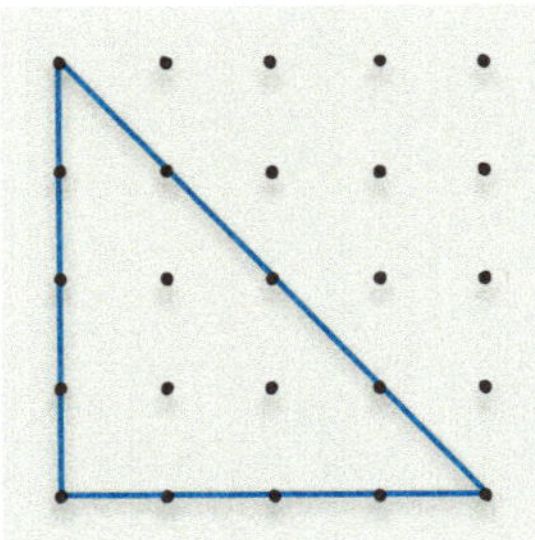
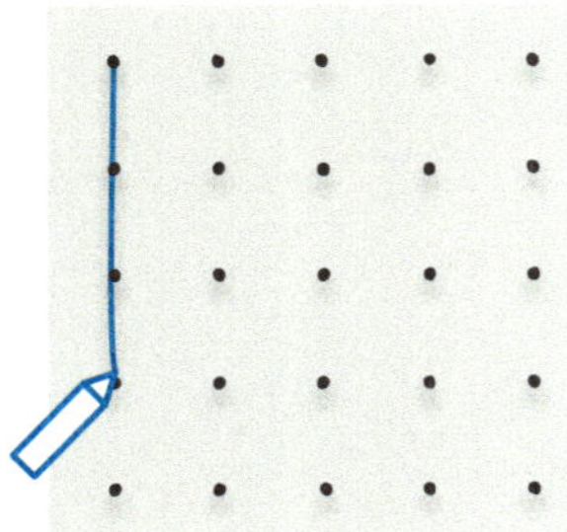
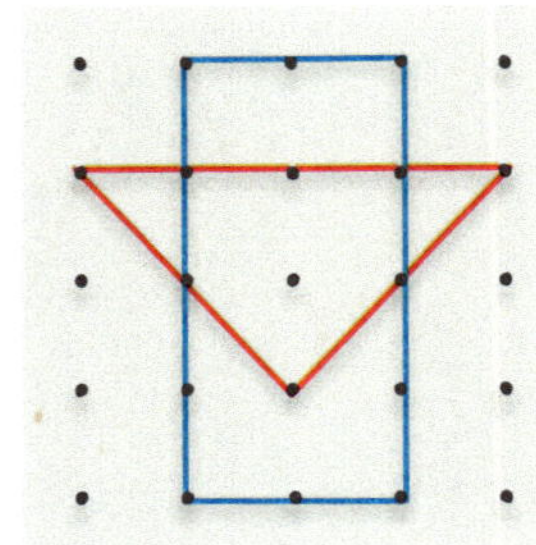
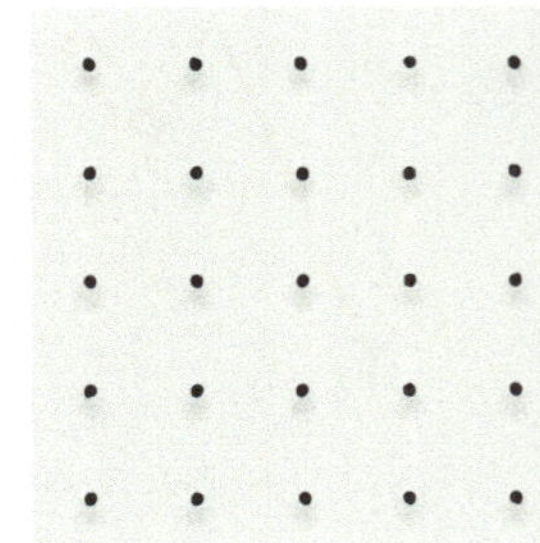
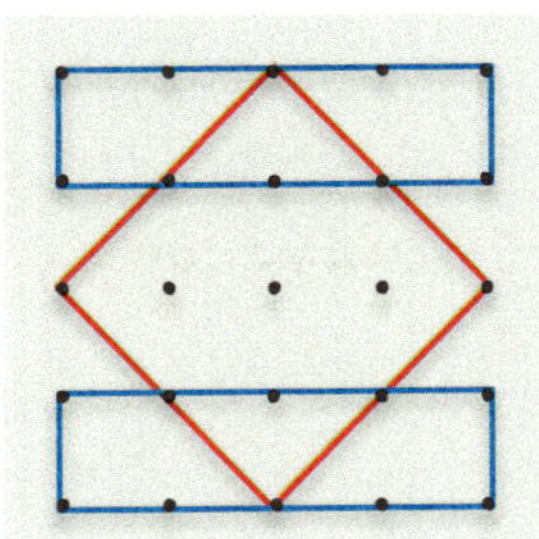
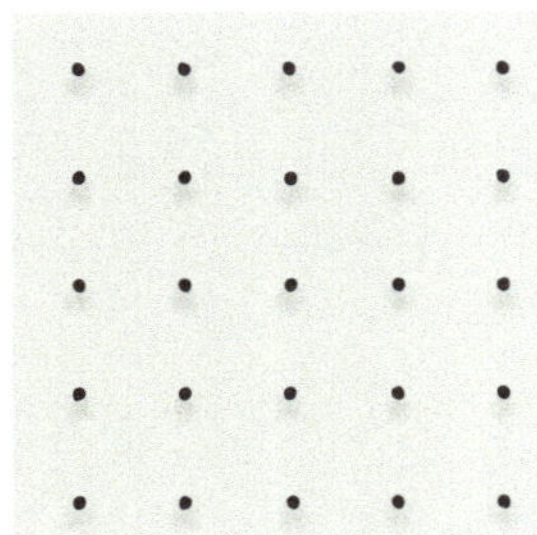
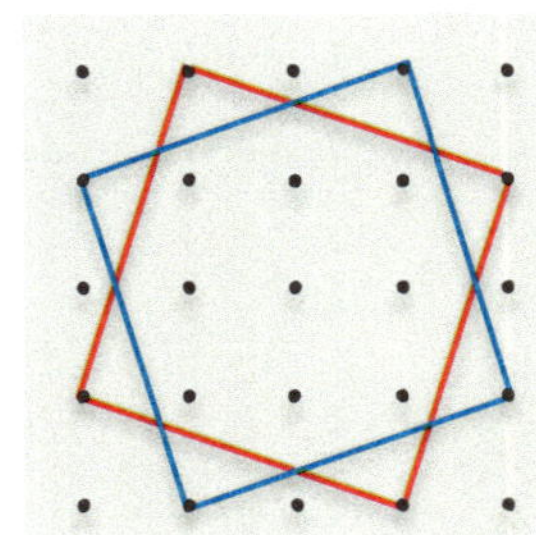
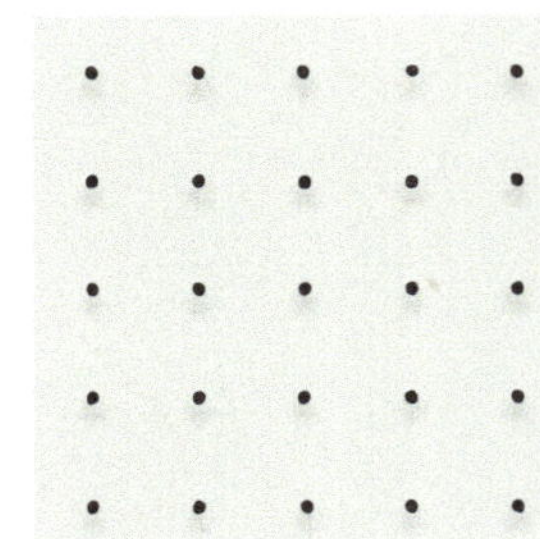

○ 2 Aus welchen Formen sind die Figuren gespannt?

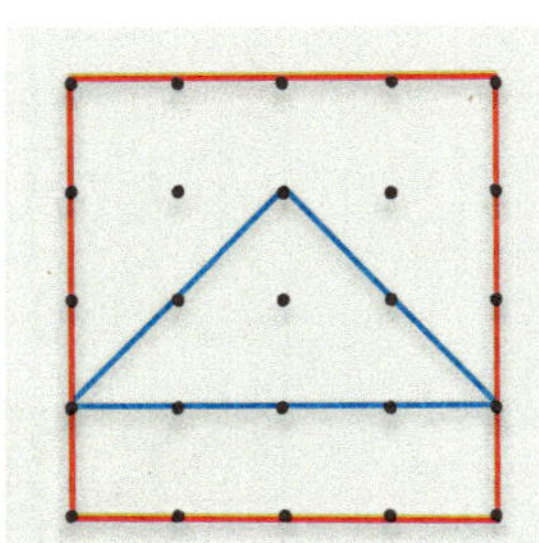

□	1
▭	
△	

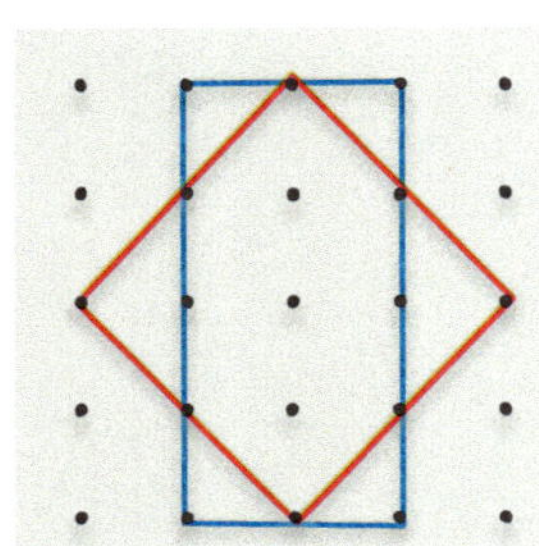

□	
▭	
△	

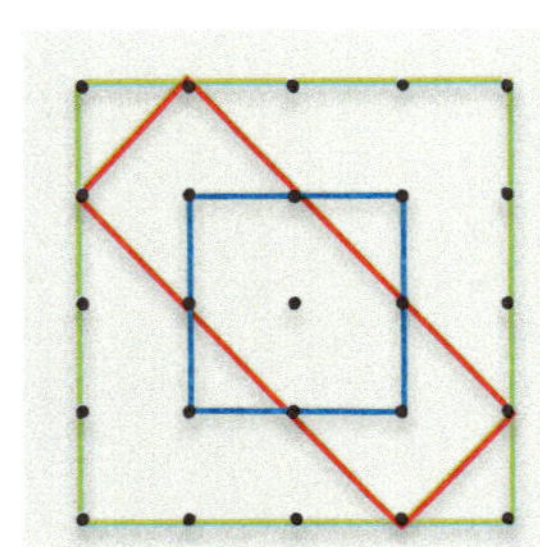

□	
▭	
△	

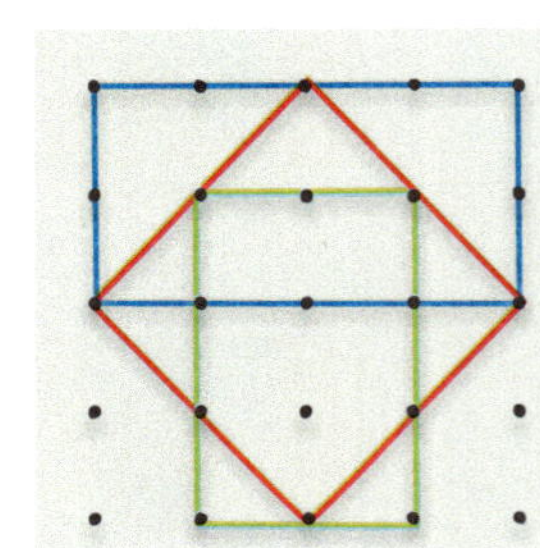

□	
▭	
△	

◒ 3 Spanne Formen und zeichne.

Finde 3 Lösungen.

□	1
▭	1
△	2

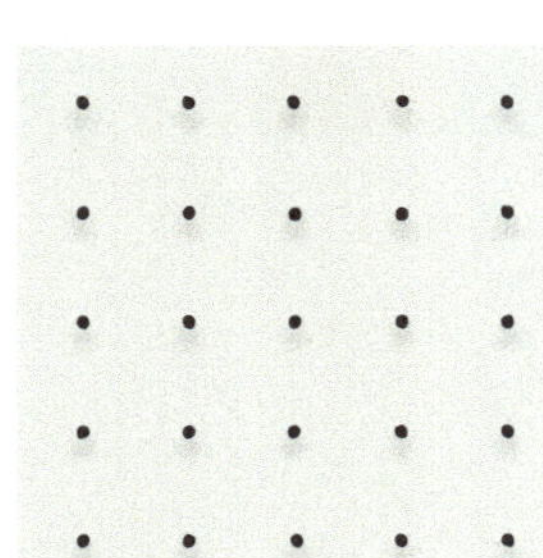
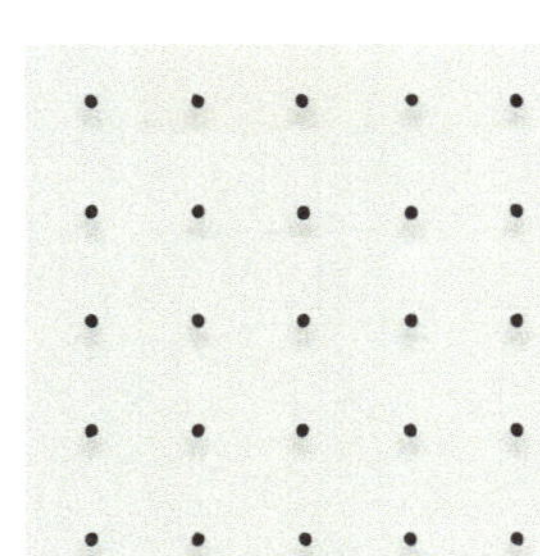
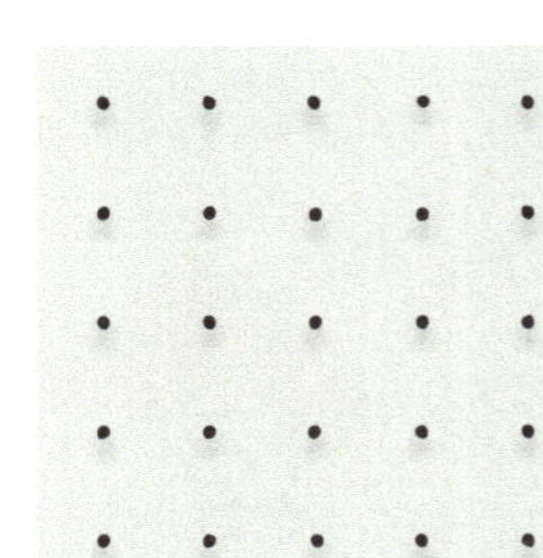

1 Figuren nachspannen und anschließend in das leere Geobrett-Raster einzeichnen. 2 Figuren spannen, geometrische Formen erkennen und deren Anzahlen notieren. 3 Nach Vorgabe der Tabelle drei Möglichkeiten auf dem Geobrett finden und in die leeren Geobrett-Raster einzeichnen.

→ Schülerbuch, Seiten 81

Geld: Cent

○ **1**

ct

○ **2** Ergänze.

6 ct | 5 ct | 8 ct | 17 ct

◒ **3** Immer 7 Cent.

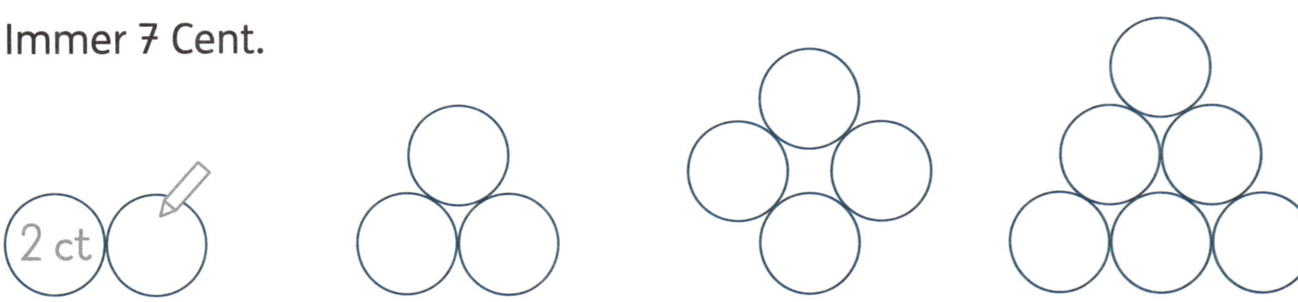

◒ **4** Was ist zu viel? Streiche durch.

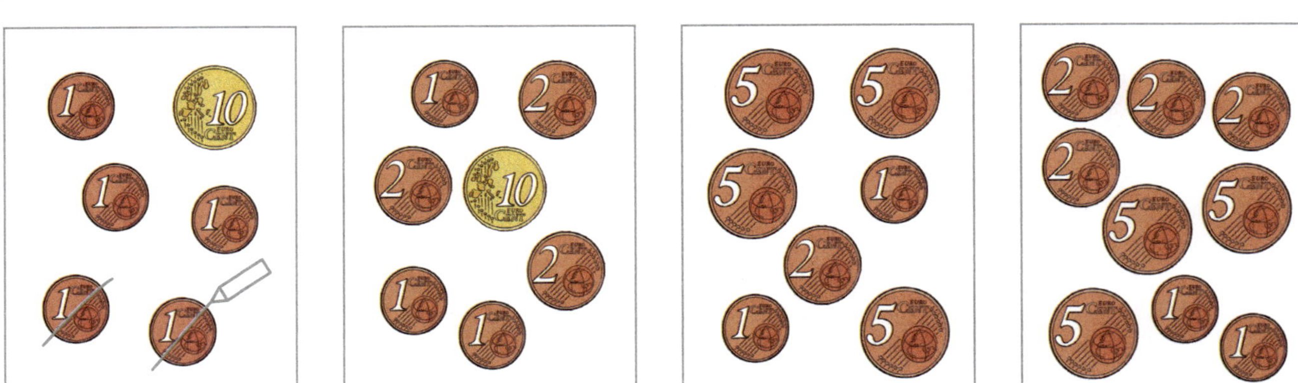

13 ct | 15 ct | 17 ct | 19 ct

1 Den Wert der Cent-Beträge notieren. 2 Die fehlenden Münzen ergänzen. Teilweise sind mehrere Lösungen möglich.
3 Immer 7 Cent mit vorgegebenen Münzenanzahlen legen und notieren 4 Überzählige Münzen wegstreichen. Hier sind mehrere Streichungen möglich.

→ Schülerbuch, Seite 82

Geld: Euro

○ **1**

€			

○ **2** Ergänze.

6 €	11 €	13 €	7 €

◒ **3** Immer 8 Euro.

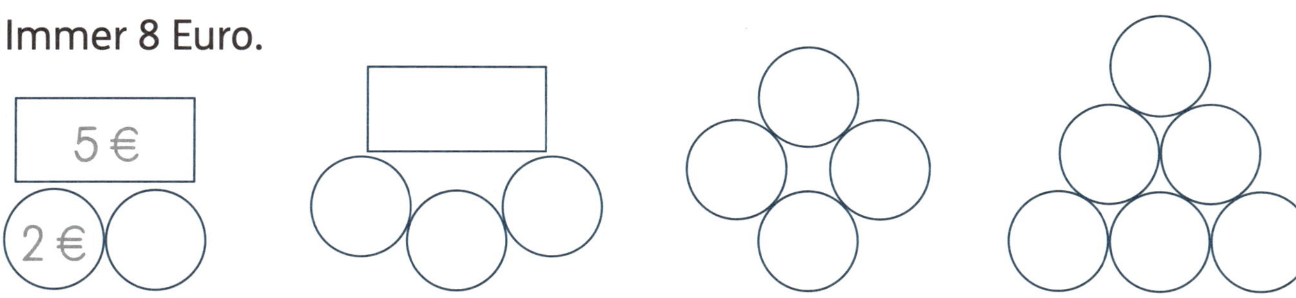

◒ **4** Was ist zu viel? Streiche durch.

14 €	16 €	18 €	20 €

1 Den Wert der Euro-Beträge notieren. 2 Die fehlenden Münzen ergänzen. Teilweise sind mehrere Lösungen möglich. 3 Immer 8 Euro mit vorgegebenen Münz- und Scheinanzahlen legen und notieren. 4 Überzählige Münzen und Scheine wegstreichen. Hier sind mehrere Streichungen möglich.

16

→ Schülerbuch, Seite 83

Mit Geld rechnen

○ **1**

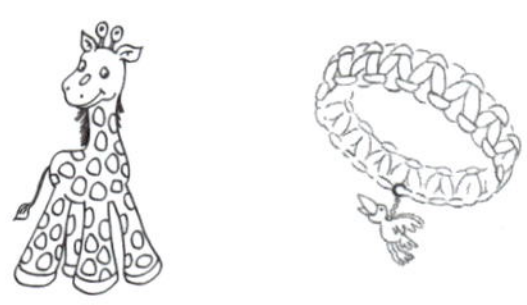

4 € + 3 € = €

5 €

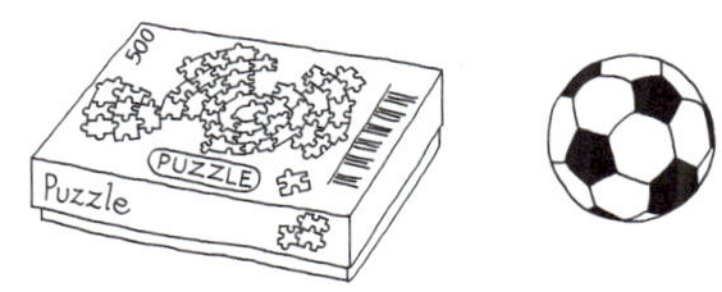

◒ **2**

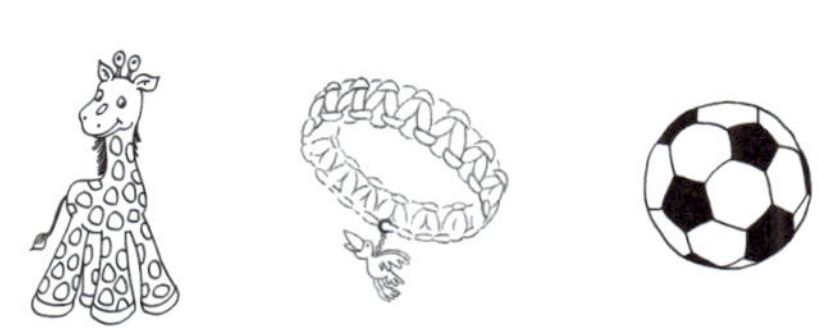

1, 2 Additionsaufgabe notieren. Gesamtpreis berechnen und mit Münzen und Scheinen malen. Hier sind mehrere Lösungen möglich.

→ Schülerbuch, Seite 84

Mit Geld rechnen

○ 1

Tom hat: 

Er kauft: 

10 € – 5 € = ___ €

Er bekommt ____ € zurück.

Ali hat: 

Er kauft: 

____

Er bekommt ____ € zurück.

Lea hat: 

Sie kauft: 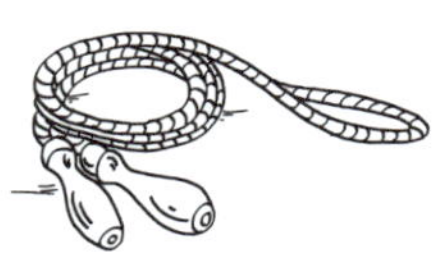

____

Sie bekommt ____ € zurück.

Paula hat: 

Sie kauft: 

____

Sie bekommt ____ € zurück.

◒ 2

Jona hat: 

Er kauft: 

____

Er bekommt ____ € zurück.

Mia hat: 

Sie kauft: 

____

Sie bekommt ____ € zurück.

1, 2 Restgeld berechnen und notieren.

→ Schülerbuch, Seite 85

Wiederholung

○ 1

12 + 3 = ___	11 + 8 = ___	16 − 3 = ___	14 − 0 = ___
15 + 4 = ___	13 + 5 = ___	20 − 1 = ___	17 − 5 = ___
17 + 1 = ___	14 + 2 = ___	12 − 2 = ___	15 − 1 = ___
10 + 6 = ___	19 + 1 = ___	19 − 6 = ___	20 − 4 = ___
18 + 2 = ___	20 + 0 = ___	18 − 6 = ___	19 − 3 = ___
15 16 17 18 19 20	15 16 18 19 20 20	10 12 13 13 13 19	12 14 14 15 16 16

○ 2

___ ct

___

___

___

○ 3

17
11 6

11 + 6 = ___
6 + 11 = ___
17 − 6 = ___
17 − 11 = ___

18
14 4

14 + 4 = ___
4 + ___ = ___
18 − 4 = ___
18 − ___ = ___

18
13 5

13 + ___ = ___
___ + ___ = ___
18 − ___ = ___
___ − ___ = ___

◒ 4

+	2	6	5
14			
11			
10			

−	3	5	
16			
19			
15			13

−	3	0	4
17			
		20	
			10

1 Additions- und Subtraktionsaufgaben lösen. 2 Cent-Beträge bestimmen und notieren. 3 Aufgabenfamilien vervollständigen und ausrechnen. 4 Additions- und Subtraktionsaufgaben in Tabellen lösen.
Selbst einschätzen, wie erfolgreich die Seite bearbeitet wurde, und entsprechenden Raben ankreuzen.

→ Schülerbuch, Seite 86/87

Knobeln mit Zahlen

○ **1** Welches Zeichen steht für welche Zahl?

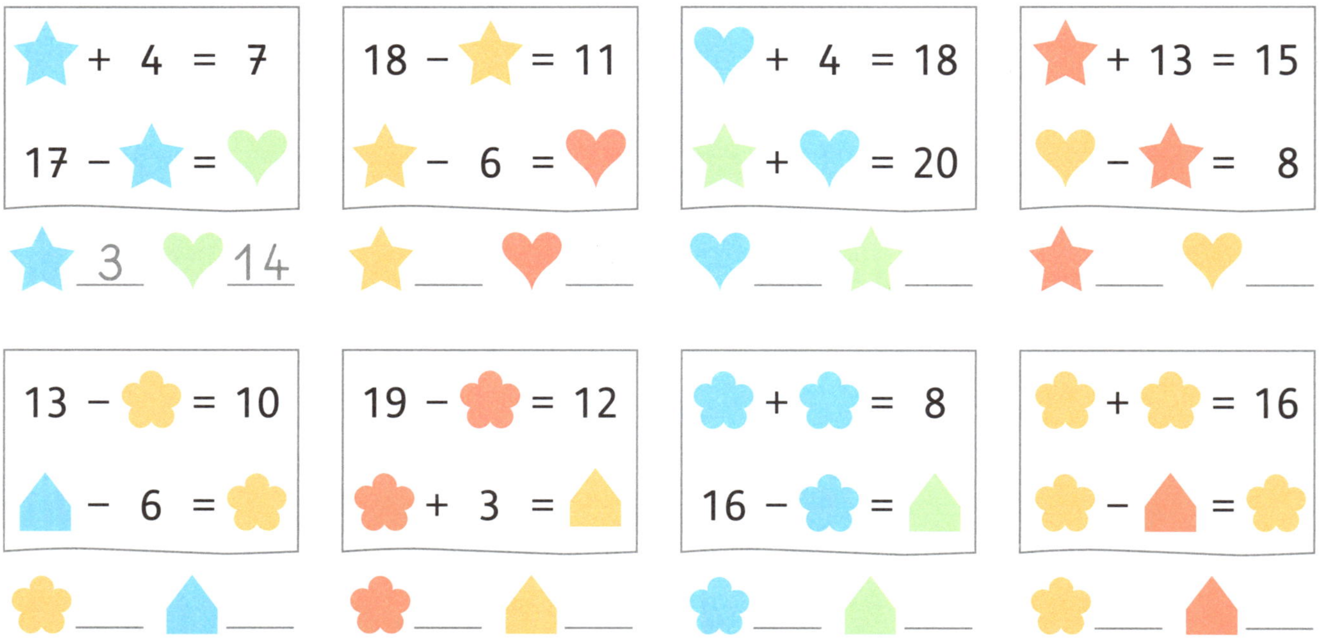

◒ **2**

● **3**

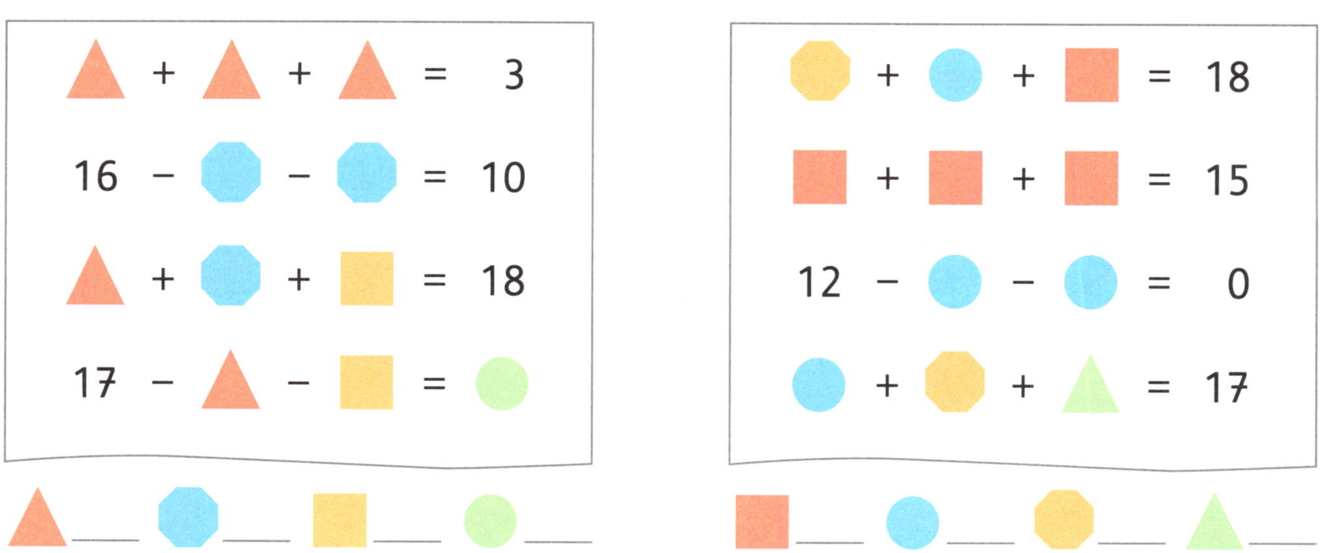

1–3 Zahlbeziehungen erkennen und zum Lösen der Symbolrätsel nutzen. Jede Form/Farbe steht dabei für eine Zahl. Die Lösungen auf den dafür vorgesehenen Linien eintragen. Die Kinder können die Zahlen als zusätzliche Hilfe auch direkt in den Formen notieren.

→ Schülerbuch, Seite 89

Plus: Rund um die 10

○ 1

3 + ___ = 10	1 + ___ = 10	___ + 5 = 10	___ + 0 = 10
2 + ___ = 10	9 + ___ = 10	___ + 10 = 10	___ + 8 = 10
8 + ___ = 10	10 + ___ = 10	___ + 6 = 10	___ + 7 = 10
5 + ___ = 10	7 + ___ = 10	___ + 4 = 10	___ + 1 = 10

○ 2

3	5	7	6
___ + 0	5 + ___	___ + 0	___ + ___
___ + 1	___ + 1	___ + 1	___ + ___
1 + ___	3 + ___	5 + ___	___ + ___
0 + ___	___ + 3	4 + ___	___ + ___
	1 + ___	___ + 4	___ + ___
	___ + 5	___ + 5	___ + ___
		1 + ___	___ + ___
		0 + ___	

○ 3

6 + 4 + 3 = ___	3 + 7 + 4 = ___	9 + 1 + 6 = ___
5 + 5 + 2 = ___	1 + 9 + 7 = ___	3 + 7 + 0 = ___
7 + 3 + 6 = ___	4 + 6 + 9 = ___	8 + 2 + 5 = ___
9 + 1 + 3 = ___	10 + 0 + 6 = ___	0 + 10 + 9 = ___
12 13 13 16 17	14 16 16 17 19	10 15 16 18 19

◒ 4

5 + 3 = ___	11 + 0 = ___	0 + 5 = ___
5 + 4 = ___	10 + 2 = ___	2 + 5 = ___
5 + 5 = ___	9 + 4 = ___	4 + 5 = ___
___ + ___ = ___	___ + ___ = ___	___ + ___ = ___
___ + ___ = ___	___ + ___ = ___	___ + ___ = ___

1 Ergänzen bis 10 üben. 2 Zerlegungen einzelner Zahlen wiederholen. 3 Zuerst bis zur 10 und dann weiter addieren. Ergebnisse mit den Lösungszahlen selbst kontrollieren. Jeweils eine Lösungszahl bleibt übrig. 4 Schrittweise über den Zehner rechnen mit Aufgabenrollen.

→ Schülerbuch, Seite 90

Plus: Zuerst bis zur 10

○ 1 Rechne zuerst bis zur 10.

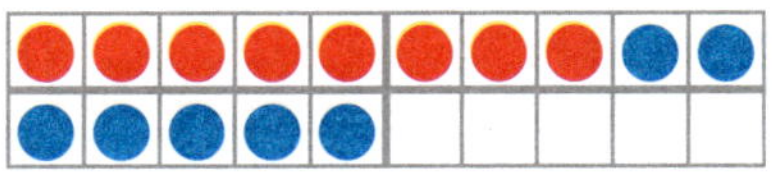

8 + 7 =
+ = 10
+ =

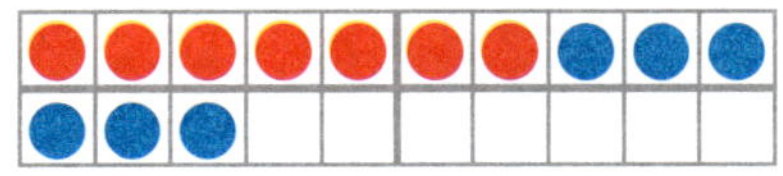

7 + 6 =
+ = 10
+ =

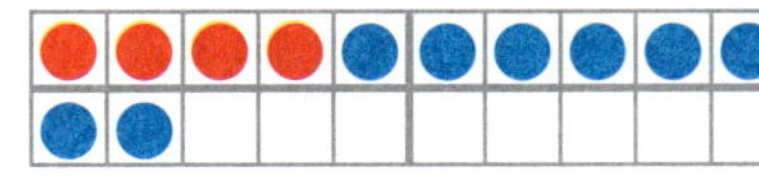

4 + 8 =
+ = 10
+ =

5 + 9 =
+ = 10
+ =

8 + 5 =
+ = 10
+ =

9 + 2 =
+ = 10
+ =

9 + 6 =
+ =
+ =

7 + 5 =
+ =
+ =

9 + 8 =
+ =
+ =

○ 2

3 + 8 =
+ =
+ =

9 + 5 =
+ =
+ =

6 + 7 =
+ =
+ =

◒ 3

7 + 0 =
7 + 2 =
7 + 4 =
+ =
+ =
+ =
+ =

3 + 8 =
3 + 9 =
4 + 8 =
4 + 9 =
5 + =
+ =
+ =

6 + 8 =
7 + 8 =
6 + 7 =
7 + 7 =
+ 6 =
+ =
+ =

1, 2 Aufgaben mit der Strategie „Zuerst bis zur 10“ lösen, ggf. am Zwanzigerfeld legen und zeichnen. **3** Aufgabenrollen bearbeiten. Muster entdecken und fortführen.

→ Schülerbuch, Seite 91

Plus: Rechenwege über die 10

○ **1** Wie rechnest du?

7 + 9 =

8 + 4 =

4 + 9 =

6 + 5 =

2 + 9 =

7 + 6 =

9 + 7 =

7 + 4 =

○ **2**

9 + 6 =

3 + 8 =

8 + 8 =

◒ **3**

7 + 7 =	8 + 5 =	6 + 6 =
7 + 6 =	9 + 5 =	6 + 7 =
7 + 5 =	8 + 6 =	7 + 6 =
+ =	9 + 6 =	7 + 7 =
+ =	+ 7 =	8 + =
+ =	+ =	+ =
+ =	+ =	+ =

1, 2 Aufgaben lösen, ggf. am Zwanzigerfeld legen und zeichnen. Dabei eigene Strategien nutzen. **3** Aufgabenrollen bearbeiten. Muster entdecken und fortführen.

→ Schülerbuch, Seite 92

Die 1 + 1 Tafel

○ **1** Ergänze die 1 + 1 Tafel.

+	0	1	2	3	4	5	6	7	8	9	10
0	0										
1											
2											
3											
4											
5											
6											
7											
8											
9											
10											

○ **2** Was bedeuten die Farben? Verbinde.

Aufgaben mit Ergebnis 10	Aufgaben mit Verdoppeln	Aufgaben mit 0 oder mit 10	andere Aufgaben

1 Ergebnisse in der 1 + 1 Tafel ergänzen. 2 Farbsystematik der 1 + 1 Tafel erkennen und entsprechend verbinden.

→ Schülerbuch, Seite 93

Nachbaraufgaben

○ **1** Finde alle Nachbaraufgaben. Welche Aufgabe hilft dir? Kreise ein.

	6 + 6	
_ + _	7 + 6	_ + _
	_ + _	

7 + 6 = ___

6 + 6 = 12

	_ + _	
_ + _	8 + 3	_ + _
	_ + _	

8 + 3 = ___

___ + ___ = ___

	_ + _	
_ + _	3 + 4	_ + _
	_ + _	

3 + 4 = ___

___ + ___ = ___

	_ + _	
_ + _	9 + 3	_ + _
	_ + _	

9 + 3 = ___

___ + ___ = ___

	_ + _	
_ + _	6 + 5	_ + _
	_ + _	

6 + 5 = ___

___ + ___ = ___

	_ + _	
_ + _	_ + _	_ + _
	_ + _	

___ + ___ = ___

___ + ___ = ___

◒ **2** Welche Nachbaraufgabe hilft dir? Schreibe auf und rechne.

7 + 2 = ___

7 + 3 = ___

4 + 5 = ___

___

1 + 8 = ___

___

3 + 8 = ___

___

9 + 6 = ___

___

8 + 7 = ___

___

9 + 4 = ___

___

5 + 6 = ___

___

6 + 7 = ___

___

1 Nachbaraufgaben auf der 1 + 1 Tafel finden und notieren. Aufgaben lösen und die geeignete Hilfsaufgabe zur Lösung einkreisen.
2 Geeignete Nachbaraufgaben auswählen und notieren. Beide Aufgaben lösen.

→ Schülerbuch, Seite 94

Plusaufgaben üben

○ **1** Rechne Aufgabe und Tauschaufgabe.

7 + 5 = 12	4 + 8 = ___	7 + 9 = ___	3 + 7 = ___
5 + 7 = 12	___ + ___ = ___	___ + ___ = ___	___ + ___ = ___
5 + 9 = ___	9 + 4 = ___	8 + 6 = ___	2 + 9 = ___
___ + ___ = ___	___ + ___ = ___	___ + ___ = ___	___ + ___ = ___
5 + 6 = ___	0 + 9 = ___	3 + 8 = ___	7 + 6 = ___
___ + ___ = ___	___ + ___ = ___	___ + ___ = ___	___ + ___ = ___

○ **2**

6 + 5 = ___	3 + 8 = ___	4 + 7 = ___	9 + 7 = ___
9 + 6 = ___	6 + 6 = ___	5 + 6 = ___	5 + 9 = ___
5 + 8 = ___	5 + 7 = ___	6 + 9 = ___	8 + 7 = ___
7 + 9 = ___	10 + 8 = ___	8 + 4 = ___	8 + 9 = ___
11 13 14 15 16	11 12 12 15 18	11 11 12 13 15	14 15 16 17 18

8 + 1 = ___	8 + 6 = ___
6 + 8 = ___	3 + 7 = ___
3 + 9 = ___	7 + 4 = ___
8 + 5 = ___	6 + 7 = ___
9 10 12 13 14	10 11 13 14 14

○ **3**

+	7	8	9
2			
5			

+	5	7	9
3			
6			

◒

+	5		
4		10	11
8			

+	3	4	10
5			
4			

+	3	6	9
8			
9			

+	6	4	
		6	
7			15

1 Tauschaufgaben als Kontrollmöglichkeit anwenden. 2 Aufgaben lösen und mit den Lösungszahlen kontrollieren. Pro Päckchen bleibt eine Zahl übrig. 3 Additionstabelle lösen.

→ Schülerbuch, Seite 95

Plus: vorteilhaft rechnen

○ **1** Rechne geschickt.

8 + 7 + 2 = ___	9 + 4 + 1 = ___	6 + 7 + 3 = ___
8 + 2		
5 + 8 + 5 = ___	7 + 6 + 7 = ___	3 + 6 + 6 = ___
9 + 2 + 9 = ___	8 + 0 + 8 = ___	9 + 5 + 5 = ___

○ **2**

4 + 2 + 6 = ___	3 + 8 + 8 = ___	1 + 4 + 9 + 3 = ___
7 + 1 + 3 = ___	6 + 7 + 4 = ___	3 + 2 + 6 + 4 = ___
4 + 5 + 5 = ___	4 + 3 + 7 = ___	5 + 8 + 0 + 5 = ___
9 + 8 + 2 = ___	1 + 2 + 9 = ___	6 + 6 + 4 + 1 = ___
1 + 6 + 9 = ___	5 + 5 + 3 = ___	2 + 7 + 3 + 8 = ___
11 12 14 15 16 19	12 13 14 17 18 19	15 16 17 17 18 20

◒ **3**

3 + 8 + 7

5 + 9 + 5

7 + 6 + 6

1 + 9 + 5

2 + 9 + 8

7 + 5 + 7

5 + 5 + 5

8 + 8 + 2

7 + 1 + 7

4 + 7 + 7

4 + 6 + 5

0 + 9 + 9

___ + ___ + ___	___ + ___ + ___	___ + ___ + ___	___ + ___ + ___
5 + 3 + 5 + 2	4 + 8 + 5 + 2	4 + 1 + 9 + 4	7 + 7 + 3 + 3

1, 2 Rechenvorteile beim Lösen von Aufgaben mit mehreren Summanden nutzen. 3 Aufgabenkarten mit der Farbe der Lösung ausmalen. Passende Aufgaben für das Ergebnis 20 finden.

17

→ Schülerbuch, Seite 96

Minus: Rund um die 10

○ **1**

11 – ___ = 10	15 – 5 = ___	12 – ___ = 10	14 – 4 = ___
17 – ___ = 10	12 – 2 = ___	16 – 6 = ___	15 – ___ = 10
14 – ___ = 10	18 – 8 = ___	13 – ___ = 10	17 – 7 = ___
16 – ___ = 10	13 – 3 = ___	11 – 1 = ___	10 – ___ = 10

○ **2**

10 – 5 = ___	10 – 3 = ___	10 – 0 = ___	10 – ___ = 9
10 – 9 = ___	10 – 6 = ___	10 – 2 = ___	___ – 4 = 6
10 – 7 = ___	10 – 8 = ___	10 – 4 = ___	10 – ___ = 7

○ **3**

4

4 + ___
3 + ___
___ + 2
___ + 3
0 + ___

2

2 + ___
___ + ___
___ + ___

9

9 + ___
8 + ___
___ + 2
___ + 3
5 + ___
4 + ___
___ + 6
___ + 7
1 + ___
0 + ___

8

___ + 0
___ + 1
___ + ___
___ + ___
___ + ___
___ + ___
___ + ___
___ + ___
___ + ___

◒ **4** Zuerst zur 10, dann weiter.

13 – 3 – 7 = ___	12 – 2 – 6 = ___	18 – 8 – 7 = ___
11 – 1 – 5 = ___	19 – 9 – 5 = ___	15 – 5 – 3 = ___
18 – 8 – 4 = ___	16 – 6 – 2 = ___	18 – 8 – 9 = ___
16 – 6 – 8 = ___	14 – 4 – 8 = ___	19 – 9 – 8 = ___

2 3 4 5 6 — 2 4 5 6 8 — 1 2 3 7 9

1 Subtrahieren zur 10. 2 Subtrahieren von der 10. 3 Zerlegungen einzelner Zahlen wiederholen. 4 Subtrahieren zur 10 und dann weiter.

→ Schülerbuch, Seite 97

Minus: Zuerst bis zur 10

1 Rechne zuerst bis zur 10.

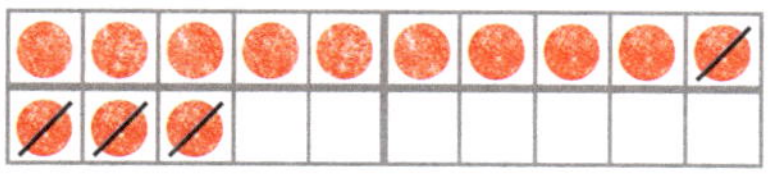

13 − 4 = ___
___ − ___ = 10
___ − ___ = ___

18 − 9 = ___
___ − ___ = 10
___ − ___ = ___

11 − 6 = ___
___ − ___ = 10
___ − ___ = ___

14 − 8 = ___
___ − ___ = 10
___ − ___ = ___

12 − 5 = ___
___ − ___ = 10
___ − ___ = ___

15 − 7 = ___
___ − ___ = 10
___ − ___ = ___

11 − 8 = ___
___ − ___ = ___
___ − ___ = ___

17 − 8 = ___
___ − ___ = ___
___ − ___ = ___

13 − 8 = ___
___ − ___ = ___
___ − ___ = ___

2

13 − 6 = ___
___ − ___ = ___
___ − ___ = ___

15 − 8 = ___
___ − ___ = ___
___ − ___ = ___

14 − 5 = ___
___ − ___ = ___
___ − ___ = ___

3

13 − 4 = ___
13 − 5 = ___
13 − 6 = ___
___ − ___ = ___
___ − ___ = ___
___ − ___ = ___
___ − ___ = ___

13 − 8 = ___
13 − 9 = ___
14 − 8 = ___
14 − 9 = ___
15 − ___ = ___
___ − ___ = ___
___ − ___ = ___

16 − 9 = ___
15 − 9 = ___
16 − 8 = ___
15 − 8 = ___
___ − 7 = ___
___ − ___ = ___
___ − ___ = ___

1, 2 Aufgaben mit der Strategie „Zuerst bis zur 10“ lösen, ggf. am Zwanzigerfeld legen und zeichnen.
3 Aufgabenrollen bearbeiten. Muster entdecken und fortführen.

→ Schülerbuch, Seite 98

Minus: Rechenwege über die 10

○ **1** Wie rechnest du?

13 − 7 = ______

11 − 9 = ______

12 − 8 = ______

17 − 8 = ______

14 − 6 = ______

11 − 7 = ______

14 − 5 = ______

16 − 8 = ______

12 − 5 = ______

○ **2**

18 − 9 = ______

14 − 7 = ______

11 − 8 = ______

◒ **3**

10 − 9 = ___	13 − 6 = ___	16 − 8 = ___
11 − 8 = ___	14 − 6 = ___	16 − 9 = ___
12 − 7 = ___	13 − 7 = ___	15 − 8 = ___
___ − ___ = ___	14 − 7 = ___	15 − 9 = ___
___ − ___ = ___	___ − 8 = ___	14 − ___ = ___
___ − ___ = ___	___ − ___ = ___	___ − ___ = ___
___ − ___ = ___	___ − ___ = ___	___ − ___ = ___

1, 2 Aufgaben lösen, ggf. am Zwanzigerfeld legen und zeichnen. Dabei eigene Strategien nutzen.
3 Aufgabenrollen bearbeiten. Muster entdecken und fortführen.

→ Schülerbuch, Seite 99

Minusaufgaben üben

○ **1** Kontrolliere mit der Umkehraufgabe.

11 − 4 = 7	13 − 4 = ___	12 − 7 = ___	16 − 7 = ___
7 + 4 =	___	___	___
14 − 8 = ___	18 − 9 = ___	15 − 7 = ___	17 − 8 = ___
___	___	___	___

○ **2**

11 − 6 = ___	14 − 9 = ___	13 − 5 = ___	18 − 10 = ___
17 − 9 = ___	12 − 7 = ___	10 − 4 = ___	11 − 7 = ___
13 − 8 = ___	15 − 6 = ___	11 − 9 = ___	12 − 4 = ___
10 − 3 = ___	16 − 8 = ___	15 − 8 = ___	14 − 9 = ___
5 5 6 7 8	5 5 7 8 9	2 5 6 7 8	3 4 5 8 8

12 − 9 = ___	11 − 3 = ___	14 − 6 = ___	16 − 9 = ___
14 − 7 = ___	12 − 6 = ___	13 − 7 = ___	19 − 10 = ___
11 − 5 = ___	10 − 8 = ___	18 − 9 = ___	12 − 5 = ___
13 − 6 = ___	15 − 9 = ___	11 − 2 = ___	15 − 7 = ___
3 6 7 7 8	2 6 6 7 8	6 7 8 9 9	7 7 8 9 9

○ **3**

1 Umkehraufgaben als Kontrollmöglichkeit anwenden. 2 Aufgaben lösen und selbstständig kontrollieren.
3 Aufgabenfelder in den Farben der Ergebniszahlen ausmalen.

→ Schülerbuch, Seite 100

Minus: vorteilhaft rechnen

○ **1** Rechne geschickt.

11 − 8 − 1 = ___	13 − 5 − 3 = ___	15 − 7 − 5 = ___
11 − 1		
12 − 4 − 6 = ___	16 − 4 − 8 = ___	18 − 6 − 9 = ___
17 − 2 − 7 = ___	19 − 3 − 9 = ___	14 − 7 − 7 = ___

○ **2**

13 − 3 − 7 = ___	11 − 5 − 1 = ___	12 − 3 − 6 − 2 = ___
15 − 2 − 5 = ___	16 − 7 − 8 = ___	13 − 2 − 4 − 3 = ___
18 − 4 − 9 = ___	19 − 9 − 2 = ___	18 − 7 − 8 − 1 = ___
12 − 6 − 0 = ___	17 − 4 − 7 = ___	15 − 5 − 0 − 4 = ___
14 − 1 − 7 = ___	20 − 6 − 5 = ___	19 − 2 − 3 − 9 = ___
3 4 5 6 6 8	1 2 5 6 8 9	1 2 3 4 5 6

◒ **3**

11 − 6 − 1

15 − 9 − 5

12 − 2 − 6

16 − 8 − 3

15 − 5 − 5

17 − 6 − 7

18 − 9 − 4

14 − 2 − 7

13 − 9 − 3

19 − 9 − 9

12 − 6 − 5

13 − 6 − 3

___ − ___ − ___ ___ − ___ − ___ ___ − ___ − ___

11 − 2 − 1 − 4 14 − 3 − 3 − 7 17 − 7 − 0 − 5 18 − 4 − 9 − 5

1 Rechenvorteile beim Lösen von Aufgaben mit 2 Subtrahenden nutzen. 2 Rechenvorteile nutzen und mit den Lösungszahlen kontrollieren. 3 Aufgabenkarten in der Farbe der Lösung ausmalen. Passende Aufgaben für das Ergebnis 0 finden.

18

→ Schülerbuch, Seite 101

Plus- und Minusaufgaben üben

○ 1

6 + 6 = 12	5 + 6 = ___	9 + 9 = ___	4 + 7 = ___
9 + 5 = ___	7 + 7 = ___	4 + 6 = ___	8 + 8 = ___
7 + 4 = ___	3 + 8 = ___	7 + 5 = ___	10 + 9 = ___
8 + 7 = ___	4 + 9 = ___	3 + 9 = ___	7 + 6 = ___
11 ~~12~~ 13 14 15	11 11 12 13 14	10 12 12 17 18	11 11 13 16 19

12 − 3 = ___	18 − 9 = ___	13 − 4 = ___	16 − 8 = ___
14 − 6 = ___	16 − 7 = ___	17 − 9 = ___	15 − 7 = ___
11 − 8 = ___	10 − 5 = ___	12 − 6 = ___	14 − 9 = ___
13 − 9 = ___	15 − 8 = ___	11 − 2 = ___	13 − 6 = ___
3 4 5 8 9	5 7 8 9 9	6 8 8 9 9	4 5 7 8 8

○ 2

11	___	___	___	___	___
9 | 2	5 | 8	10 | 6	7 | 9	5 | 7	8 | 6
11	13	17	14	18	15
3 | ___	5 | ___	8 | ___	7 | ___	10 | ___	6 | ___
12	14	16	10	15	13
___ | 4	___ | 8	___ | 9	___ | 2	___ | 5	___ | 8

○ 3

+	3	5	8
9	12		
7			

+	9	2	4
6			
8			

+	7		
5		11	
9			18

−	5	9	7
11			
14			

−	4	7	6
13			
16			

−	8		
15		10	
12			3

1 Aufgaben lösen und mit den Lösungszahlen kontrollieren. 2 Rechenmauern lösen. 3 Additions- und Subtraktionsaufgaben in Tabellen üben.

→ Schülerbuch, Seiten 102 / 103

Gleichungen und Ungleichungen

○ **1**

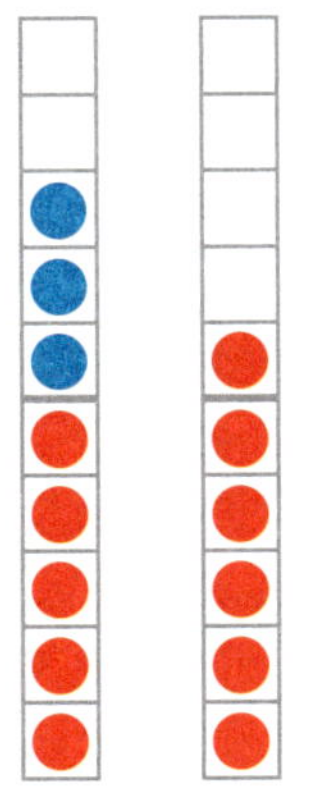

5 + 3 (>) 6

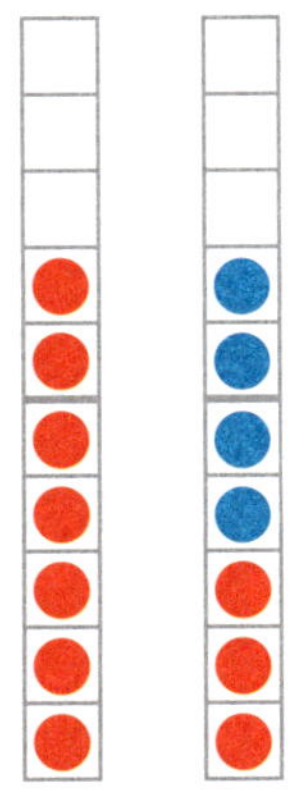

7 ◯ 3 + 4

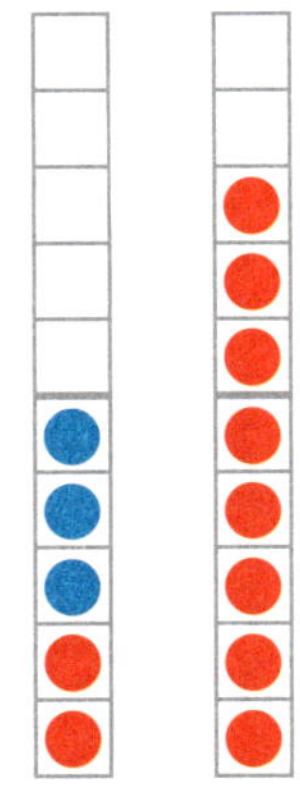

2 + 3 ◯ 8

○ **2**

6 + 7 ◯ 12	3 + 8 ◯ 12	14 ◯ 12 + 1	16 ◯ 9 + 7
6 + 9 ◯ 14	7 + 6 ◯ 15	14 ◯ 11 + 4	18 ◯ 9 + 8
6 + 6 ◯ 13	8 + 9 ◯ 16	14 ◯ 10 + 5	14 ◯ 7 + 8
6 + 8 ◯ 14	4 + 8 ◯ 12	14 ◯ 9 + 7	15 ◯ 4 + 7
6 + 7 ◯ 14	5 + 7 ◯ 11	14 ◯ 8 + 4	13 ◯ 7 + 6

◒ **3**

5 + 4 ◯ 6 + 7	5 + 3 ◯ 6 + 6	6 + 3 ◯ 5 + 8
6 + 4 ◯ 5 + 4	9 + 3 ◯ 8 + 3	3 + 7 ◯ 4 + 3
7 + 4 ◯ 9 + 1	4 + 6 ◯ 3 + 5	4 + 5 ◯ 2 + 8
8 + 4 ◯ 7 + 6	5 + 5 ◯ 2 + 7	7 + 2 ◯ 8 + 1
9 + 4 ◯ 13 + 0	3 + 3 ◯ 2 + 4	7 + 4 ◯ 9 + 9

◒ **4**

6 + 6

9 + 7

12 + 0

5 + 9

3 + 7

7 + 4

9 + 4

6 + 4

7 + 5

14 + 4

10 + 2

3 + 5

8 + ___

8 + ___

8 + ___

___ + ___

___ + ___

___ + ___

1–3 Rechensätze vergleichen. 4 Aufgabenkarten mit der Farbe der Lösung ausmalen. Entsprechend der Farben eigene Aufgaben finden.

→ Schülerbuch, Seite 104

Gleichungen und Ungleichungen

○ **1**

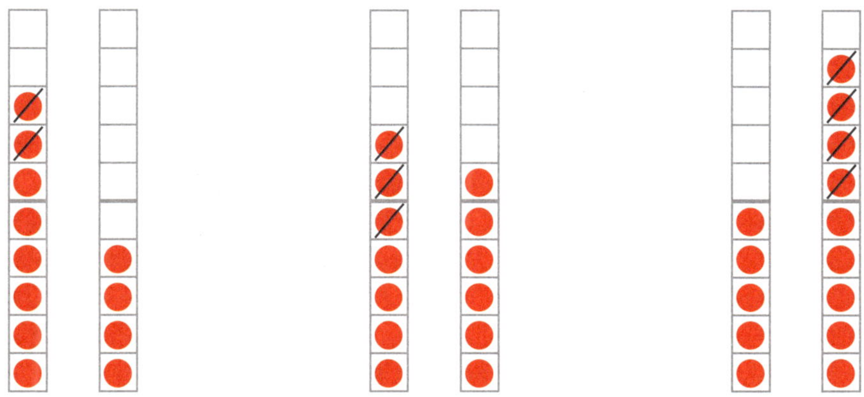

8 – 2 ○ 4   7 – 3 ○ 6   5 ○ 9 – 4

○ **2**

16 – 9 ○ 9	15 – 3 ○ 12	12 ○ 17 – 4	9 ○ 19 – 2
16 – 8 ○ 8	19 – 6 ○ 15	12 ○ 15 – 4	7 ○ 15 – 7
16 – 7 ○ 7	20 – 8 ○ 13	12 ○ 20 – 9	6 ○ 13 – 7
16 – 6 ○ 6	18 – 4 ○ 12	12 ○ 19 – 7	5 ○ 11 – 8
16 – 5 ○ 12	17 – 6 ○ 11	12 ○ 18 – 8	3 ○ 9 – 3

◒ **3**

15 – 3 ○ 16 – 4	16 – 3 ○ 15 – 4	15 – 6 ○ 16 – 7
19 – 2 ○ 20 – 4	13 – 7 ○ 14 – 8	13 – 2 ○ 14 – 0
14 – 6 ○ 13 – 4	14 – 5 ○ 12 – 6	17 – 9 ○ 18 – 9
12 – 3 ○ 11 – 4	17 – 2 ○ 18 – 1	20 – 3 ○ 19 – 4
13 – 4 ○ 12 – 4	17 – 4 ○ 15 – 0	11 – 6 ○ 12 – 6

◒ **4**

13 – 4   13 – 10

13 – 5   16 – 6   18 – 9

9 – 2   9 – 1

15 – 8   18 – 10   7 – 0

14 – 6   17 – 5

11 – ___   11 – ___   ___ – ___

___ – ___   11 – ___   ___ – ___

1–3 Rechensätze vergleichen. 4 Aufgabenkarten mit der Farbe der Lösung ausmalen. Entsprechend der Farben eigene Aufgaben finden.

→ Schülerbuch, Seite 105

Geraden zeichnen

○ **1** Zeichne jede Figur noch einmal.

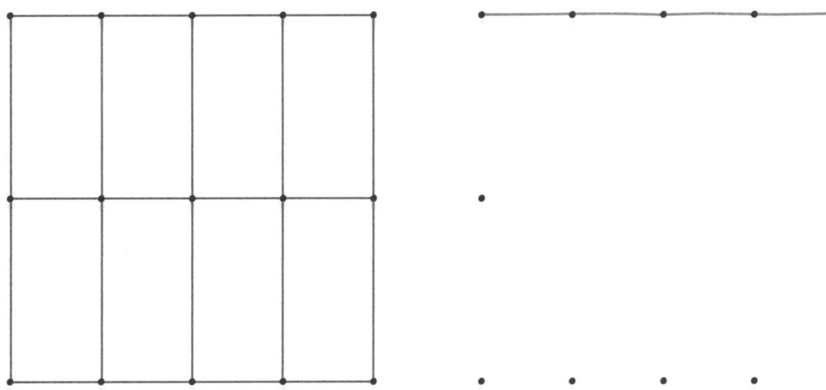

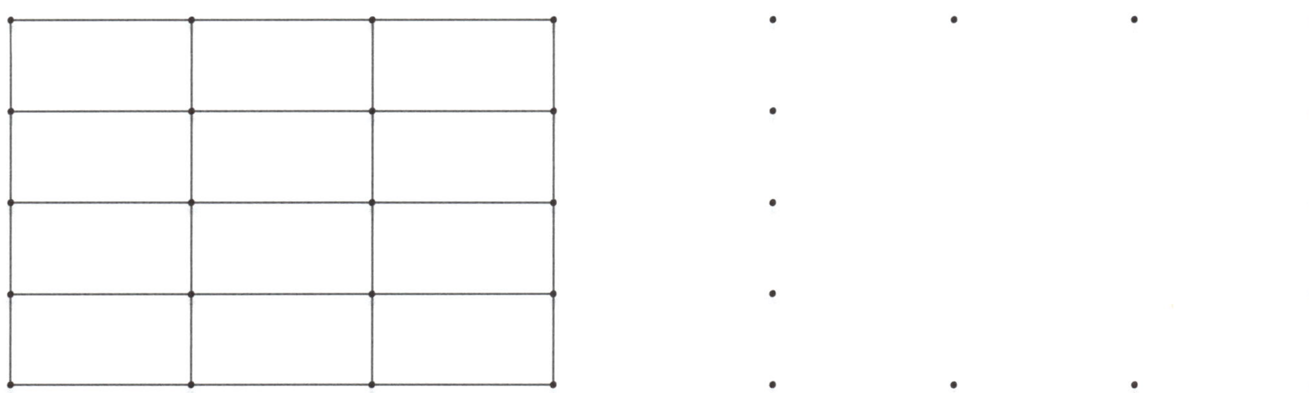

○ **2**

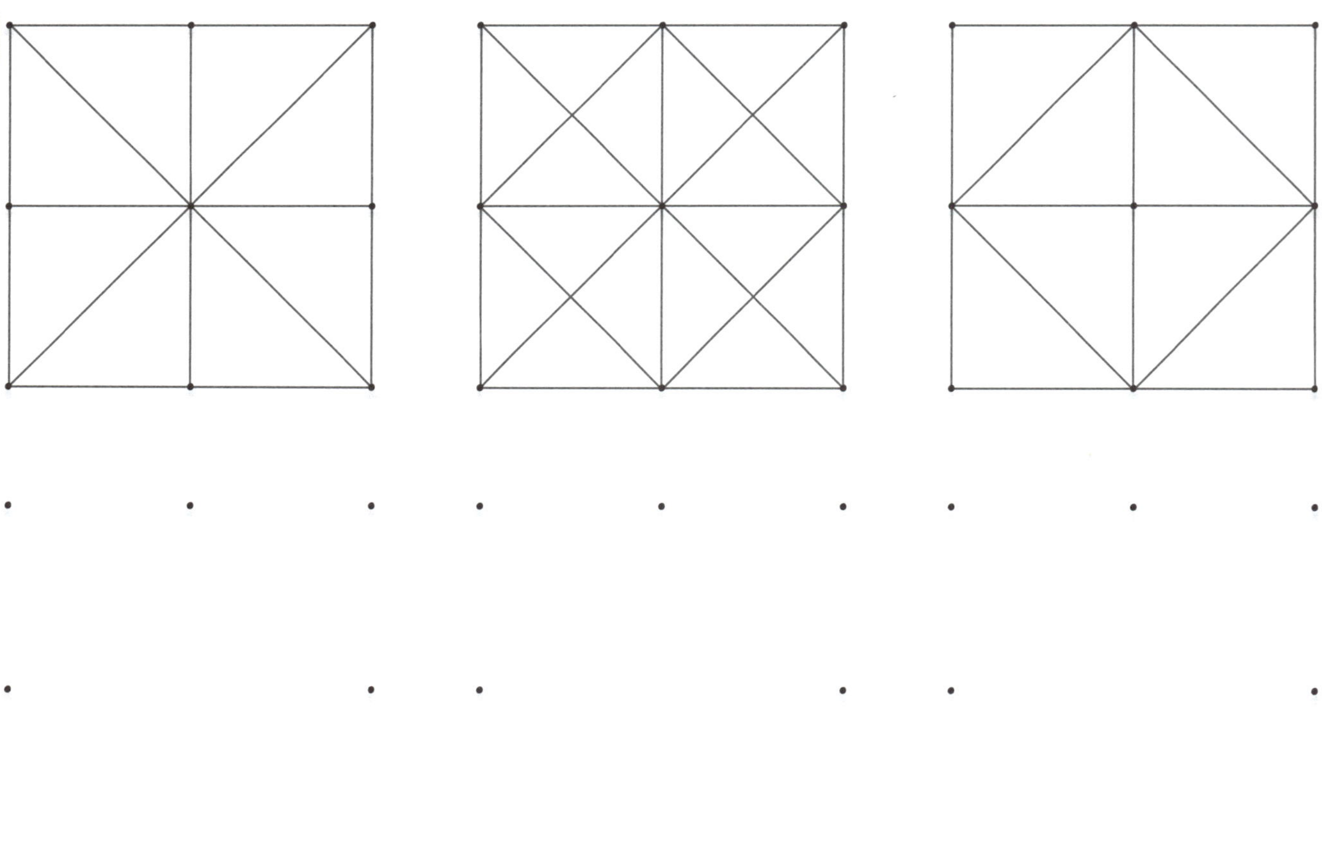

1, 2 Figuren mit einem Lineal nachzeichnen. Die vorgegebenen Punkte als Hilfe nutzen.

→ Schülerbuch, Seite 106

Zentimeter

○ **1** Wie lang sind die Tiere?

____ cm

____ cm

____ cm

____ cm

____ cm

○ **2** Wie lang sind die Strecken?

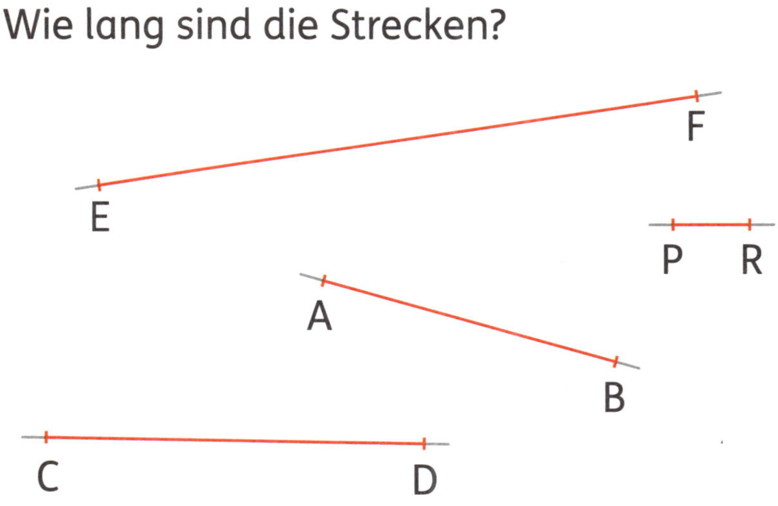

Strecke	Länge
$\overline{EF}$	cm
$\overline{AB}$	

○ **3** Ergänze zu Strecken.

$\overline{AB}$ = 5 cm $\overline{FG}$ = 7 cm $\overline{RS}$ = 2 cm $\overline{KL}$ = 11 cm

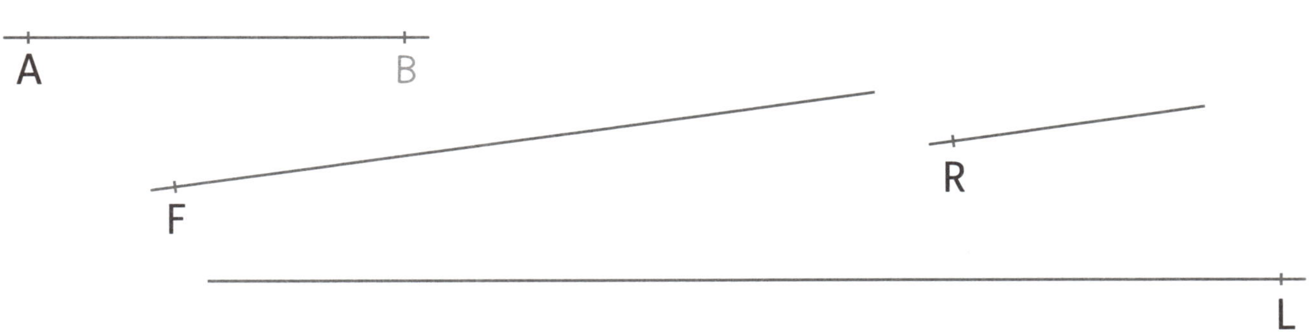

1, 2 Länge der Tiere bzw. Strecken mit dem Lineal bestimmen. **3** Angefangene Strecken so vervollständigen, dass die vorgegebenen Längen erreicht werden. Auf die vorgegebenen Buchstaben achten.

→ Schülerbuch, Seite 108

Würfelhausen

○ **1** Wie viele Steine sind es?

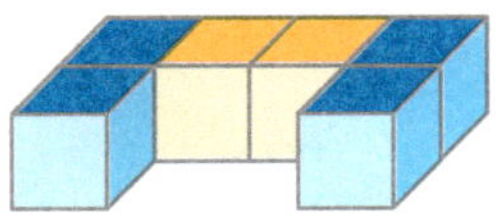

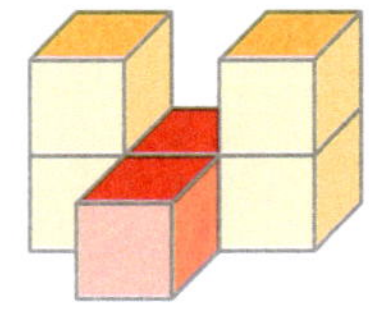

○ **2** Zu welchen Gebäuden gehören die Baupläne? Färbe und verbinde.

2	1	3

3	1	1	3

3	1	3	1	3

3	3	3

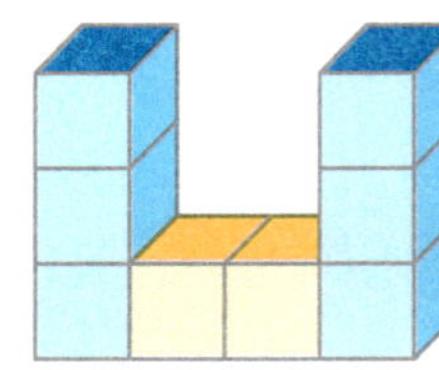

◒ **3** Ergänze die Baupläne.

1	2			

1	2			

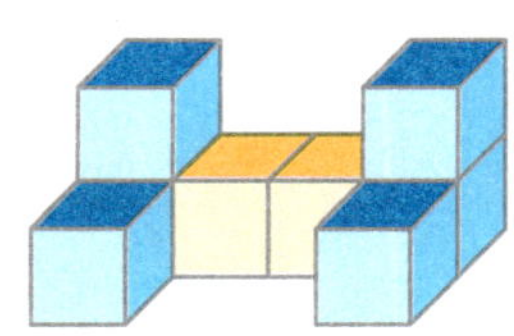

2	1		
1			

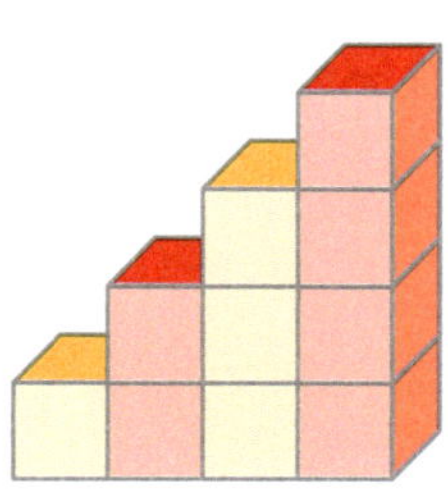

1	2		

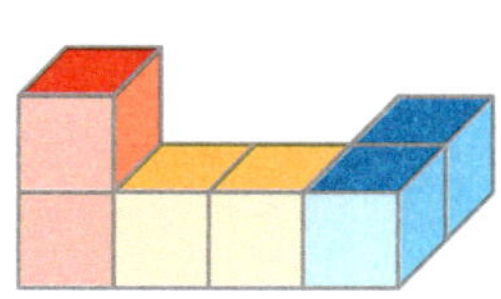

2			

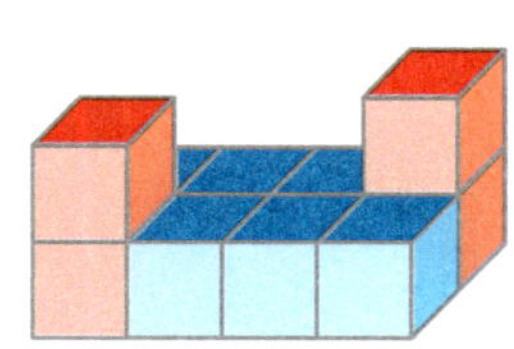

1			
2			

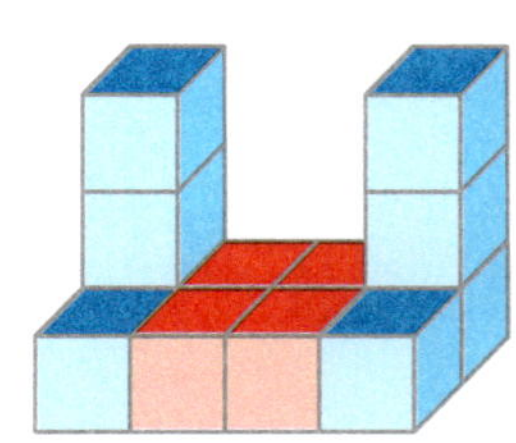

1 Anzahl der Würfel in den Würfelgebäuden bestimmen und eintragen. 2 Gebäude den Bauplänen zuordnen, verbinden und Baupläne färben 3 Baupläne vervollständigen. Fehlende Anzahlen eintragen.

19

→ Schülerbuch, Seiten 110/111

Wiederholung

○ 1

6 + 9 = ___	9 + 5 = ___	13 − 7 = ___	11 − 7 = ___
5 + 8 = ___	4 + 9 = ___	15 − 8 = ___	14 − 9 = ___
9 + 4 = ___	8 + 7 = ___	12 − 9 = ___	16 − 7 = ___
7 + 5 = ___	5 + 6 = ___	11 − 3 = ___	12 − 8 = ___
8 + 3 = ___	6 + 4 = ___	13 − 8 = ___	13 − 4 = ___
11 12 13 / 13 14 15	10 11 12 / 13 14 15	3 4 5 / 6 7 8	4 4 5 / 5 9 9

○ 2 Ergänze zu Strecken.

$\overline{AB} = 4\,cm$ $\overline{FG} = 6\,cm$ $\overline{RS} = 3\,cm$ $\overline{KL} = 10\,cm$

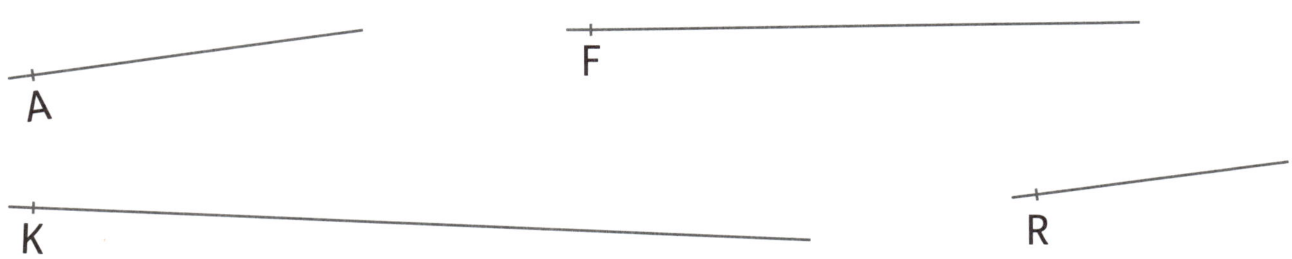

○ 3

4 + 5 ◯ 19	15 − 8 ◯ 8	8 ◯ 7 + 1
8 + 3 ◯ 10	10 − 7 ◯ 3	6 ◯ 12 − 8
9 + 8 ◯ 18	12 − 7 ◯ 7	4 ◯ 17 − 6
8 + 4 ◯ 4	8 − 6 ◯ 8	10 ◯ 7 + 4
6 + 7 ◯ 13	13 − 0 ◯ 9	13 ◯ 8 + 5

◒ 4

2 + 10 = ___	16 − 9 = ___	5 + 6 = ___
4 + 9 = ___	16 − 8 = ___	6 − 5 = ___
6 + 8 = ___	15 − 7 = ___	7 + 4 = ___
8 + 7 = ___	15 − 6 = ___	8 − 3 = ___
___ + ___ = ___	14 − ___ = ___	___
___ + ___ = ___	___ − ___ = ___	___
___ + ___ = ___	___ − ___ = ___	___

1 Additions- und Subtraktionsaufgaben üben. 2 Strecken vervollständigen. 3 Rechensätze mit Zahlen vergleichen. Die Zeichen <, > oder = verwenden. 4 Aufgabenrollen bearbeiten. Das vorgegebene Muster entdecken und fortsetzen. Selbst einschätzen, wie erfolgreich die Seite bearbeitet wurde, und entsprechenden Raben ankreuzen.

→ Schülerbuch, Seiten 112/113

Knobeln mit Blickrichtungen

○ 1

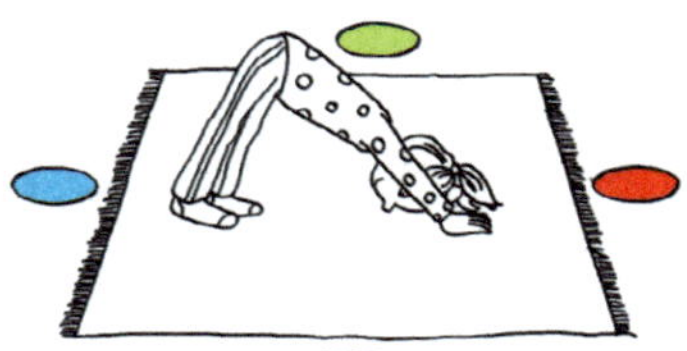

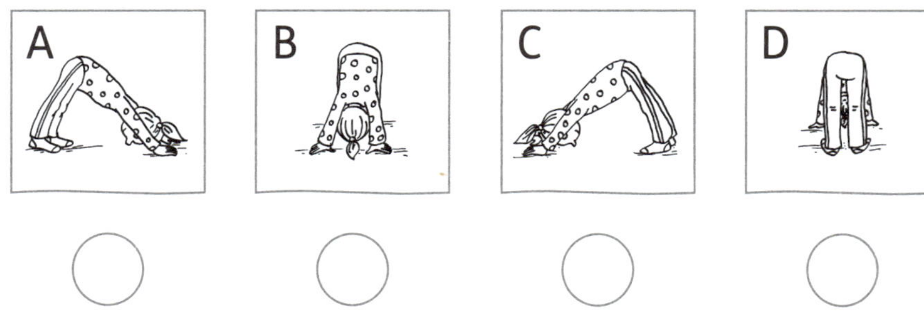

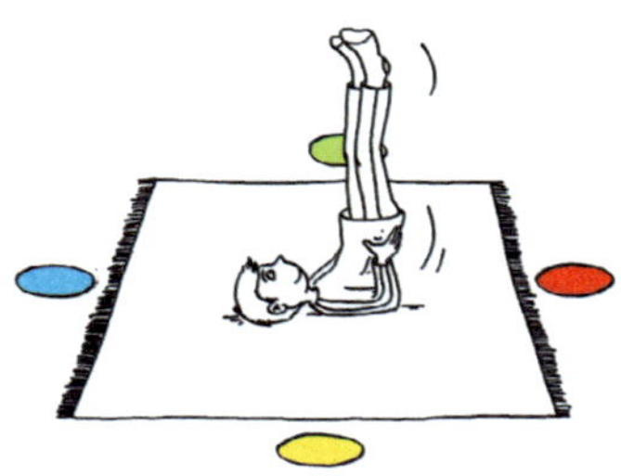

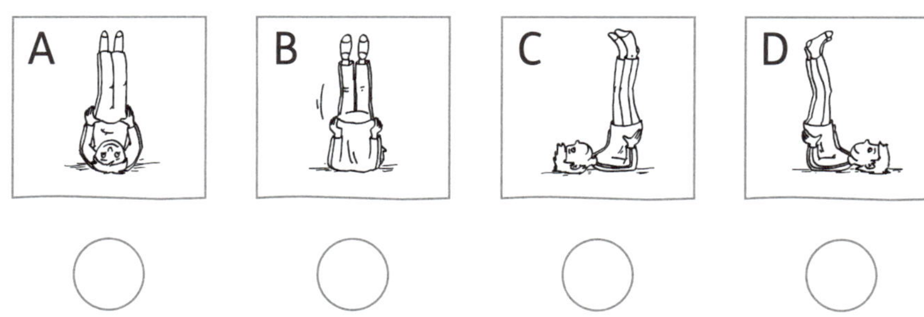

◒ 2

● 3

1–3 Gegenstände und Personen aus unterschiedlichen Perspektiven betrachten (Perspektivwechsel), abgebildete Ansichten beschreiben und den angegebenen Standorten durch Färben der Kreise zuordnen.

→ Schülerbuch, Seite 115

Aufgabenfamilien

○ 1

14 10 4	20 11 9	9 2 7
10 + 4 = ___	___ + ___ = ___	2 + 7 = ___
4 + 10 = ___	___ + ___ = ___	___ + ___ = ___
___ − ___ = ___	___ − ___ = ___	9 − 7 = ___
___ − ___ = ___	___ − ___ = ___	___ − ___ = ___

○ 2

___ 7 4	___ ___ ___	___ ___ ___
7 + 4 = ___	9 + ___ = ___	5 + 7 = ___
4 + ___ = ___	6 + ___ = ___	___ + ___ = ___
11 − ___ = ___	___ − ___ = ___	12 − ___ = ___
___ − ___ = ___	15 − 9 = ___	___ − 5 = ___

◒ 3

___ 6 8	___ 9 5	11 ___ ___
6 + 8 = ___	9 + 5 = ___	___ + ___ = ___
___ + ___ = ___	___ + ___ = ___	___ + ___ = ___
___ − ___ = ___	___ − ___ = ___	11 − ___ = 8
___ − ___ = ___	___ − ___ = ___	___ − ___ = ___

1 Aufgaben der Aufgabenfamilien notieren und rechnen. **2, 3** Die passenden Zahlen im Dach eintragen, Aufgaben der Aufgabenfamilien notieren und rechnen.

→ Schülerbuch, Seiten 116

Zauberdreiecke

○ 1

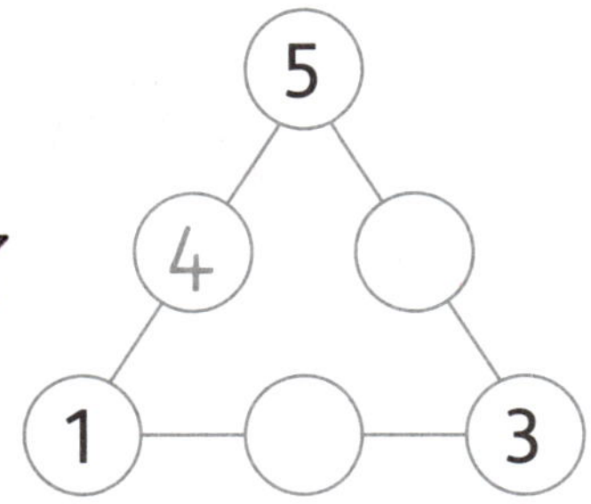

Immer 10.

$5 + (4) + 1 = 10$

$5 + \bigcirc + 3 = 10$

$1 + \bigcirc + 3 = 10$

○ 2

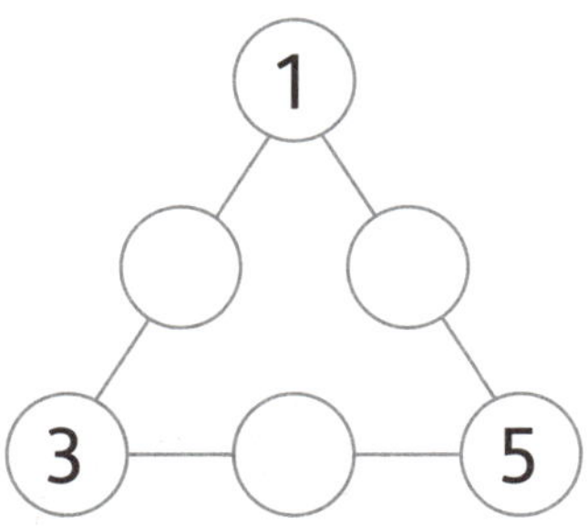

Immer 10.

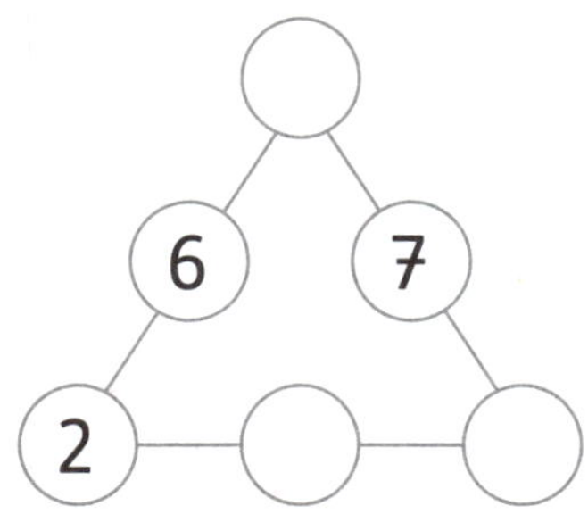

Immer 11.

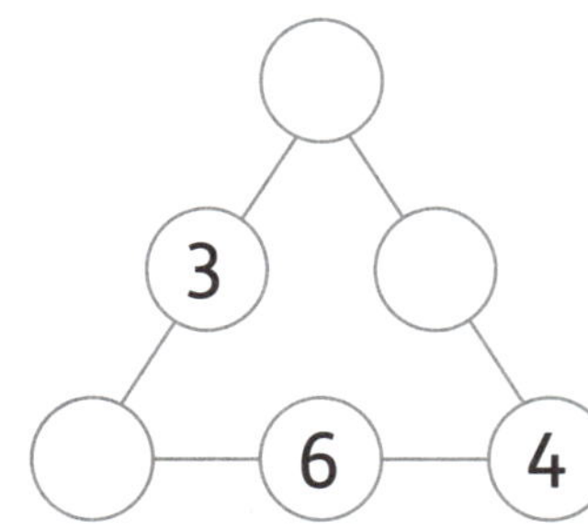

Immer 12.

3 Finde zuerst die Zauberzahl.

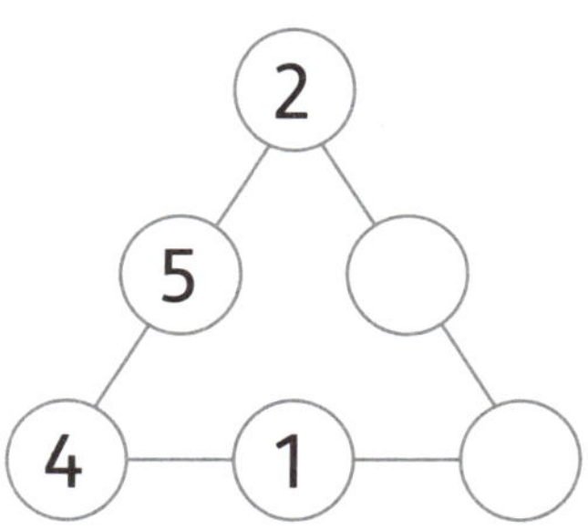

Immer ____.

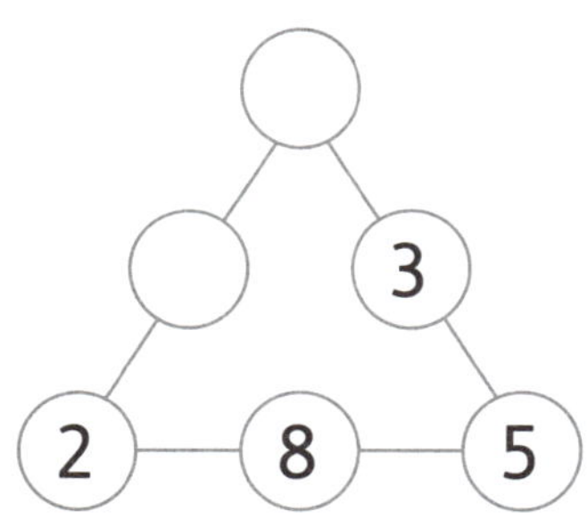

Immer ____.

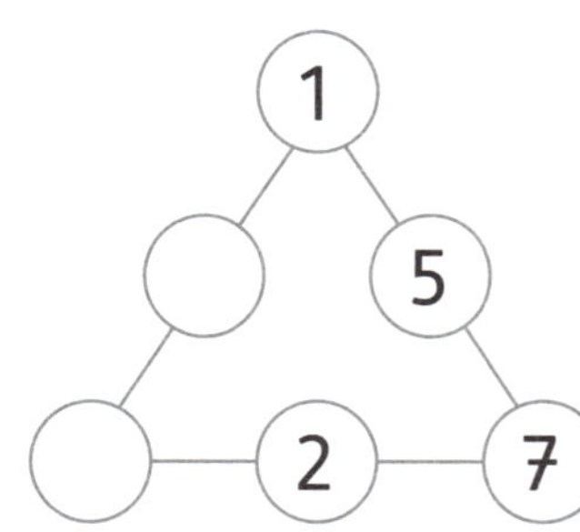

Immer ____.

◒ 4 Löse durch Probieren.

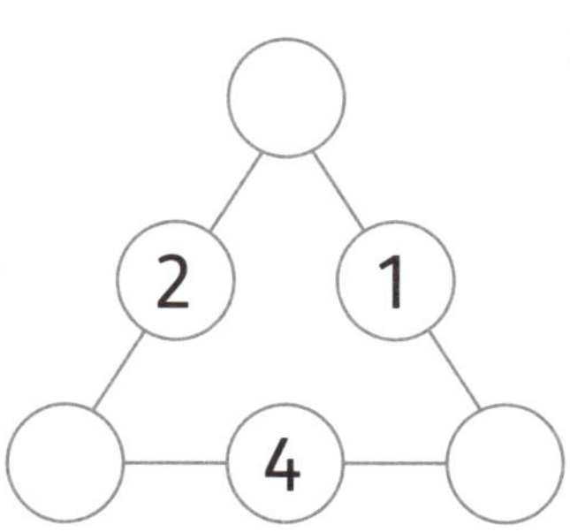

Immer 15.

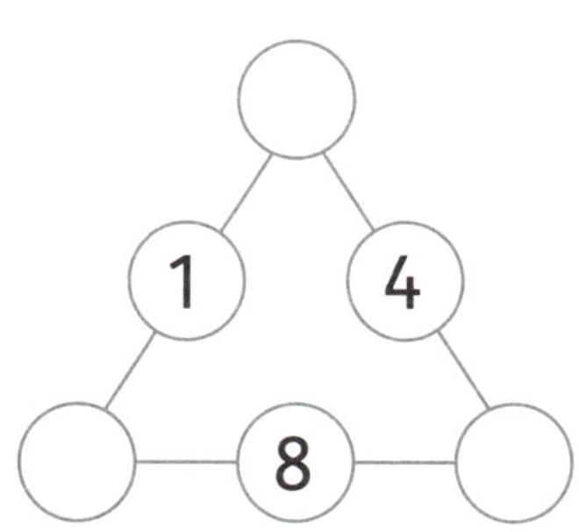

Immer 15.

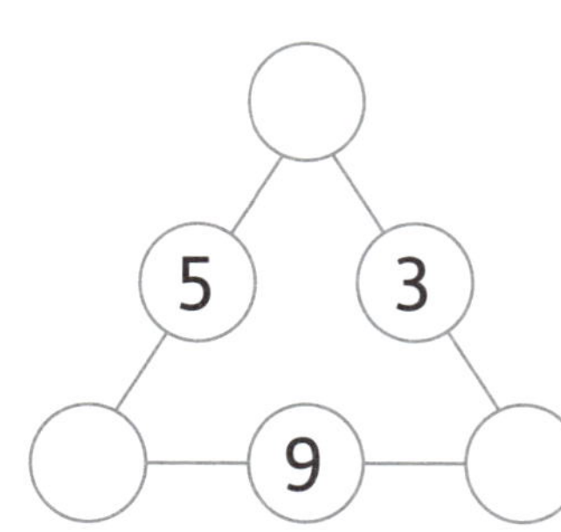

Immer 15.

1 Die Summe jeder Seite im Zauberdreieck ergibt 10. Das ist die Zauberzahl. Jede Zahl darf in einem Zauberdreieck nur einmal vorkommen. **2, 3** Zauberdreiecke vervollständigen. **4** Aufgaben durch Probieren lösen (ggf. die Zahlenkarten von 1 bis 9 nutzen).

→ Schülerbuch, Seite 117

Zahlenmauern

○ **1** Rechne.

□	□	□	□
□ □	□ □	□ □	□ □
3 1 4	3 2 4	3 3 4	3 4 4

□	□	□	□
□ □	□ □	□ □	□ □
2 5 2	3 5 3	4 5 4	5 5 5

○ **2**

□	□	□	□
8 2	8 3	8 4	8 5
□ 1 □	□ 2 □	□ 3 □	□ 4 □

15	15	15	15
9 □	8 □	□ 8	□ 9
5 □ □	5 □ □	□ □ 6	□ □ 8

◒ **3** Wie geht es weiter?

□	□	12	□
□ □	□ 5	5 □	□ □
0 1 2	1 2 □	□ □ 4	□ □ □

● **4** Erfinde eigene Zahlenmauern mit einem Muster.

□	□	□
□ □	□ □	□ □
□ □ □	□ □ □	□ □ □

1, 2 Fehlende Zahlen in die Zahlenmauern eintragen. In jeder Reihe ist in den Zahlenmauern ein Muster erkennbar.
3 Fehlende Zahlen in die Zahlenmauern eintragen. Muster erkennen und fortsetzen. 4 Eigene Zahlenmauern mit einem Muster erfinden.

→ Schülerbuch, Seiten 118

Zahlenfolgen

○ **1** Setze die Zahlenfolgen fort.

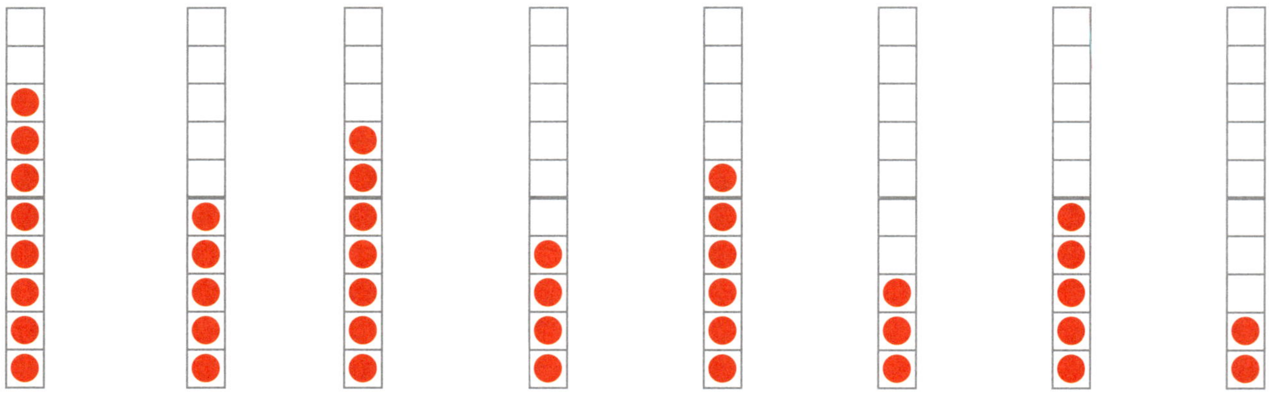

8 $\xrightarrow{-3}$ 5 $\xrightarrow{+2}$ 7 $\xrightarrow{-3}$ ☐ $\xrightarrow{+2}$ ☐ → ☐ → ☐ → ☐

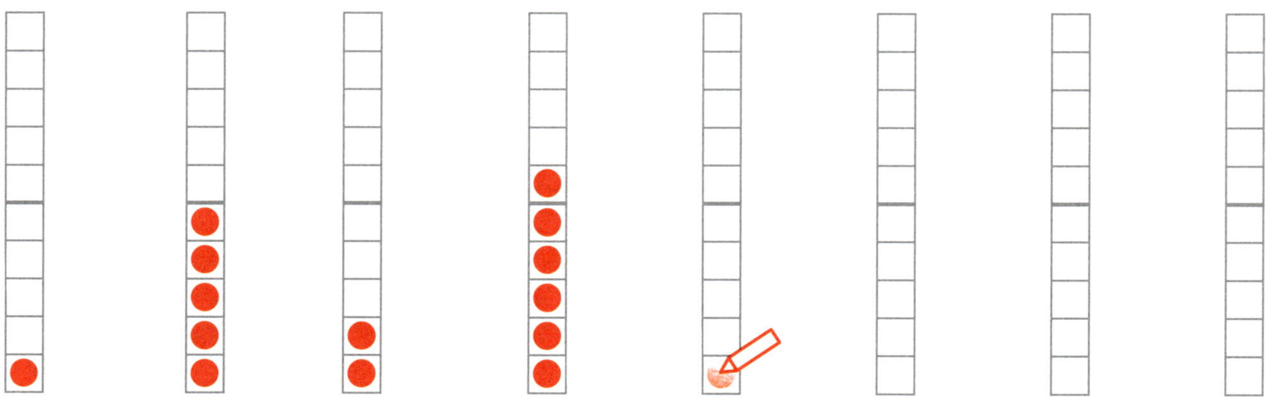

1 $\xrightarrow{+4}$ 5 $\xrightarrow{-3}$ 2 $\xrightarrow{+4}$ ☐ $\xrightarrow{-3}$ ☐ → ☐ → ☐ → ☐

○ **2** Setze die Zahlenfolgen fort.

2 $\xrightarrow{+2}$ 4 $\xrightarrow{+2}$ 6 $\xrightarrow{+2}$ ☐ → ☐ → ☐ → ☐ → ☐

19 → 17 → 15 → ☐ → ☐ → ☐ → ☐ → ☐

5 → 6 → 8 → 9 → 11 → ☐ → ☐ → ☐

◒ **3**

8 → 0 → 10 → 2 → 12 → ☐ → ☐ → ☐

7 → 3 → 9 → 5 → 11 → ☐ → ☐ → ☐

2 → 11 → 4 → 13 → 6 → ☐ → ☐ → ☐

1–3 Rechenregeln erkennen und Operatoren notieren. Zahlenfolgen gemäß der jeweiligen Rechenregel fortsetzen.

20

→ Schülerbuch, Seite 119

Kombinieren

○ **1** Welche Möglichkeiten gibt es? Färbe die Luftballons.

3 Luftballons:

4 Luftballons:

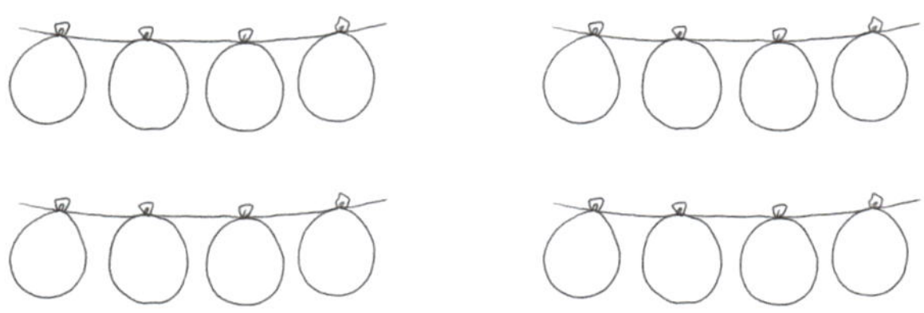

◒ **2** Die Muffins werden mit bunten Herzen geschmückt.
Wie viele Möglichkeiten gibt es? Färbe die Herzen.

Jeder Muffin bekommt:

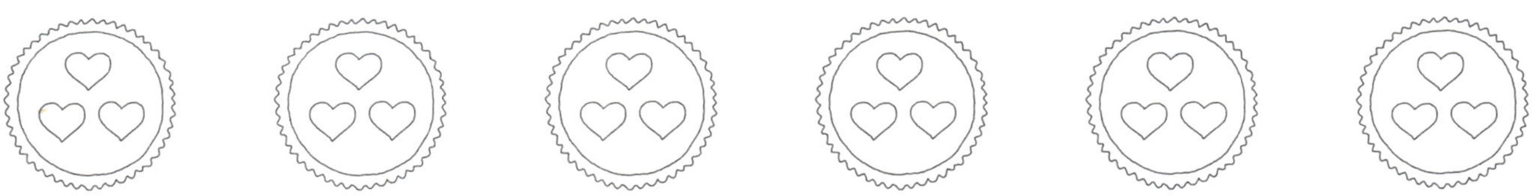

Jeder Muffin bekommt:

Jeder Muffin bekommt:

1, 2 Unter Berücksichtigung der vorgegebenen Bedingungen alle möglichen Anordnungen durch systematisches Probieren finden. Die Luftballons bzw. Herzen entsprechend färben.

→ Schülerbuch, Seite 120

Zufall

○ **1** Sicher, möglich oder unmöglich?

Der Rabe zieht (blau).

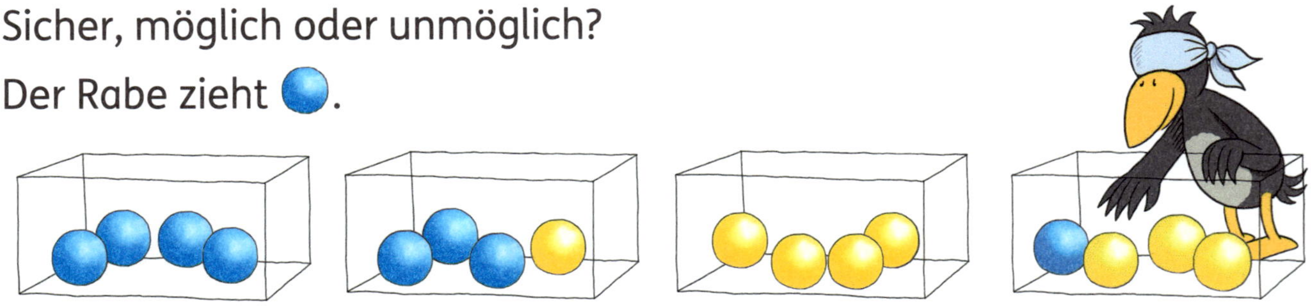

sicher | ______ | ______ | ______

Der Rabe zieht (gelb).

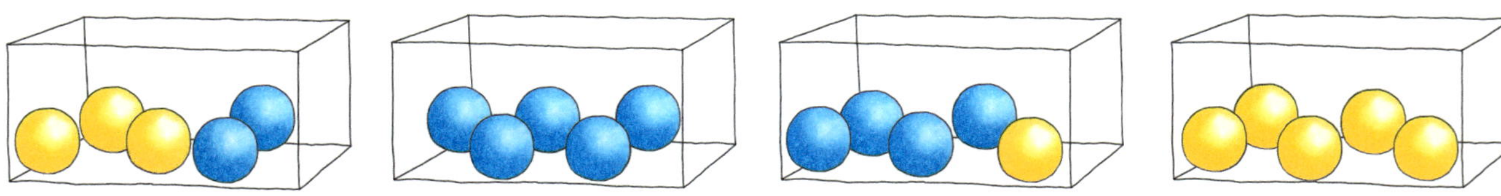

______ | ______ | ______ | ______

◒ **2** Sicher, möglich oder unmöglich. Färbe.

Du ziehst (blau).

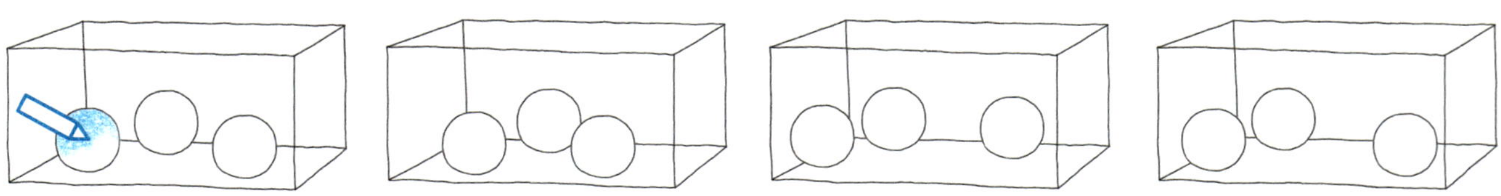

sicher | möglich | unmöglich | möglich

Du ziehst (gelb).

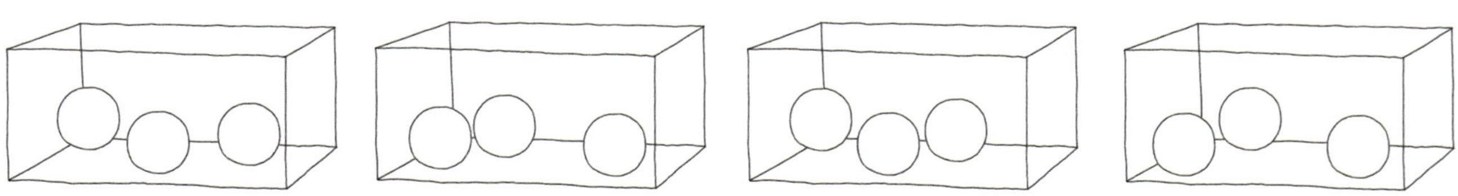

möglich | unmöglich | sicher | möglich

◒ **3** In jeder Kiste sind 5 Bälle. Du ziehst (blau).

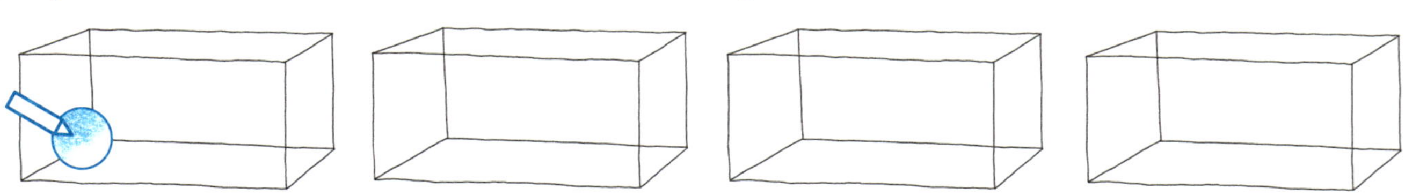

möglich | unmöglich | sicher | möglich

1 Sichere, mögliche und unmögliche Ereignisse unterscheiden. Der Rabe darf jeweils nur einen Ball aus der Kiste nehmen.
2, 3 Die Bälle in den Kisten blau oder gelb färben bzw. zeichnen, sodass das beschriebene Ereignis sicher, möglich oder unmöglich ist.

→ Schülerbuch, Seite 121

Die Uhrzeit

○ **1** Ergänze die fehlenden Zahlen.

◒ **2**

11 Uhr	___ Uhr	___ Uhr	___ Uhr	___ Uhr
23 Uhr	___ Uhr	___ Uhr	___ Uhr	___ Uhr

___ Uhr	___ Uhr	___ Uhr	2 Uhr	___ Uhr
___ Uhr	___ Uhr	___ Uhr	___ Uhr	22 Uhr

◒ **3**

9 Uhr	16 Uhr	1 Uhr	13 Uhr	20 Uhr

1 Fehlende Zahlen auf den Ziffernblättern ergänzen. 2 Zu den dargestellten Zeigerdarstellungen beide möglichen Uhrzeiten notieren. Bei den letzten beiden Uhren die Zeiger zusätzlich eintragen. 3 Jedes Bild mit einer passenden Uhrzeit verbinden.

21

→ Schülerbuch, Seiten 122/123

Mit Fragen arbeiten

○ **1** 5 Fragen kannst du beantworten.
Verbinde und antworte.

Wer hat gerade den Ball?
Den Ball hat

Wer gewinnt das Fußballspiel?

Wie viel Geld muss Eva bezahlen?

Wie viele Punkte hat der Rabe?

Wie viele Kinder spielen Fußball?

Wie alt sind Peter und Eva?

Wie viele Ringe hat der Rabe?

1 Entscheiden, welche Fragen beantwortet werden können und welche aufgrund fehlender Informationen nicht. Die Fragen beantworten und mit dem passenden Bild verbinden.

→ Schülerbuch, Seite 125

Mit Skizzen arbeiten

○ **1** Wie alt ist jedes Kind?

Zeichne und löse.

Jonas ist 6 Jahre alt.
Mia ist 5 Jahre älter.

J O O O O O O

M O O O O O O O O O O O

Jonas ist ____ Jahre alt und

Mia ist ____ Jahre alt.

Clara ist 12 Jahre alt.
Tim ist 5 Jahre jünger.

C

T

Clara ist ____ Jahre alt und

Tim ist ____ Jahre alt.

Mara ist 7 Jahre älter als Leo.
Leo ist 4 Jahre alt.

Leo ist ____ Jahre alt und

Mara ist ____ Jahre alt.

Pia ist doppelt so alt wie Musa.
Musa ist 6 Jahre alt.

Musa ist ____ Jahre alt und

Pia ist ____ Jahre alt.

◒ **2** Tom ist halb so alt wie Sara.
Sara ist halb so alt wie Lars.
Lars ist 12 Jahre alt.

Lars ist ____ Jahre alt,

Sara ist ____ Jahre alt und

Tom ist ____ Jahre alt.

Lina ist 3 Jahre jünger als Alex.
Alex ist 7 Jahre alt. Emma ist
4 Jahre älter als Alex.

Alex ist ____ Jahre alt,

Lina ist ____ Jahre alt und

Emma ist ____ Jahre alt.

1, 2 Zu den Aufgaben Lösungsskizzen zeichnen und die Aufgaben lösen.

→ Schülerbuch, Seite 126

Mit Gleichungen arbeiten

○ **1** Verbinde mit der passenden Gleichung. Eine Gleichung bleibt übrig. Löse die Aufgaben.

Marlon hat noch

____ Blumen übrig.

Amelie bekommt

____ € zurück.

Johanna hält

____ Ballons.

6 + 6 = ____	15 − 5 = ____	7 + 6 = ____	20 − 17 = ____

◒ **2** Verbinde mit der passenden Gleichung. Eine Gleichung bleibt übrig. Löse die Aufgaben.

Lukas hat 13 € im Sparschwein. Davon kauft er sich ein Auto für 5 €.

Lukas hat jetzt noch ____ € im Sparschwein.

Anne sammelt Tierbilder. Sie hat 13 Pferdebilder. Außerdem hat sie noch 5 Bilder mit anderen Tieren.

Anne hat insgesamt ____ Tierbilder.

Sila ist auf dem Flohmarkt. Von seinen 13 CDs hat Jona 5 CDs gekauft. 5 weitere CDs kaufte Melina.

Sila hat nun noch ____ CDs.

13 + 5 = ____	13 − 5 − 5 = ____	13 + 5 − 5 = ____	13 − 5 = ____

1 Bilder den Gleichungen zuordnen. Gleichung lösen und das Ergebnis notieren. 2 Aufgaben den Gleichungen zuordnen. Gleichungen lösen und das Ergbnis notieren.

22

→ Schülerbuch, Seite 127

Die Zehnerzahlen

○ **1**

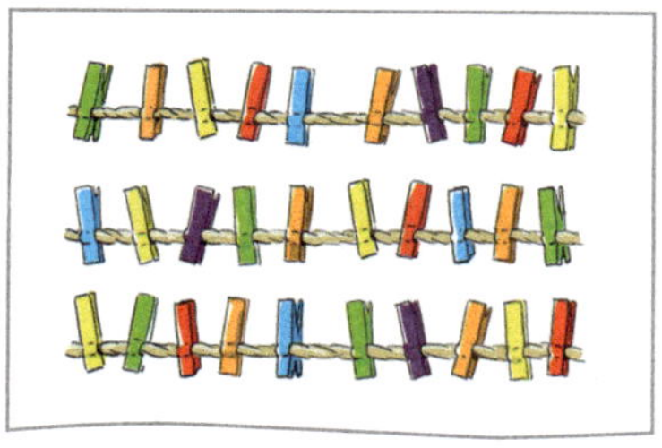
___

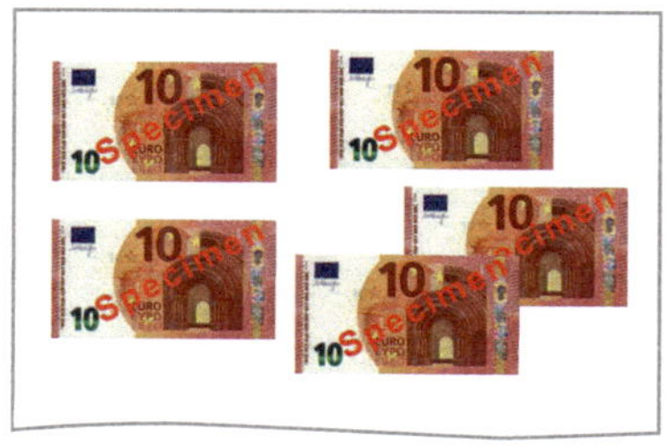
___

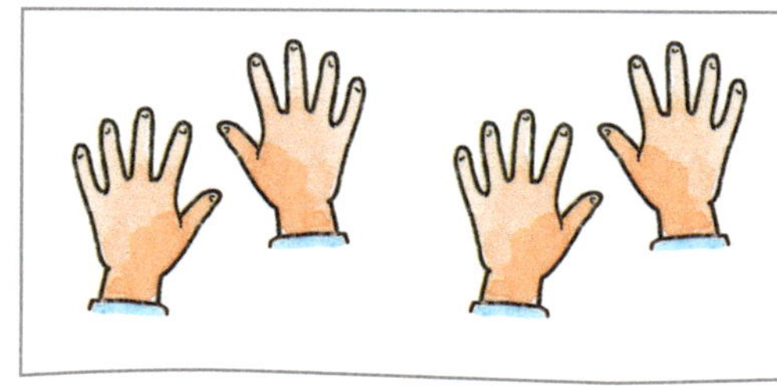
___

___

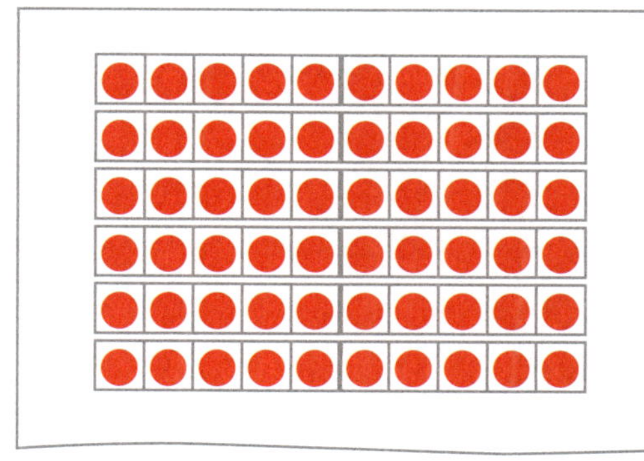
___

○ **2**

___	40	___	50	___	___	___	___	60
___	70	___	20	___	___	___	___	90
___	20	___	80	___	___	___	___	20

○ **3** Denke an die kleine Aufgabe.

60 + 30 = ___	90 − 50 = ___	50 + ___ = 70
40 + 20 = ___	70 − 10 = ___	90 − ___ = 30
20 + 50 = ___	80 − 30 = ___	___ + 40 = 80
70 + 10 = ___	60 − 60 = ___	___ − 20 = 70

○ **4**

40 < 50	60 ◯ 40	10 ◯ 10	40 ◯ 30
60 ◯ 60	70 ◯ 70	50 ◯ 20	70 ◯ 90
30 ◯ 20	10 ◯ 30	80 ◯ 40	20 ◯ 20

1 Zehnerzahlen passend zu den Bildern eintragen. 2 Zehnerzahlen eintragen. 3 Additions- und Subtraktionsaufgaben von Zehnerzahlen lösen. 4 Zehnerzahlen vergleichen und die Zeichen <, > und = nutzen.

→ Schülerbuch, Seiten 128/129

Mathematik in der Kunst

○ **1** Der Rabe hat ein Bild gemalt.
Zähle die Formen. Welche Farben hat er verwendet?

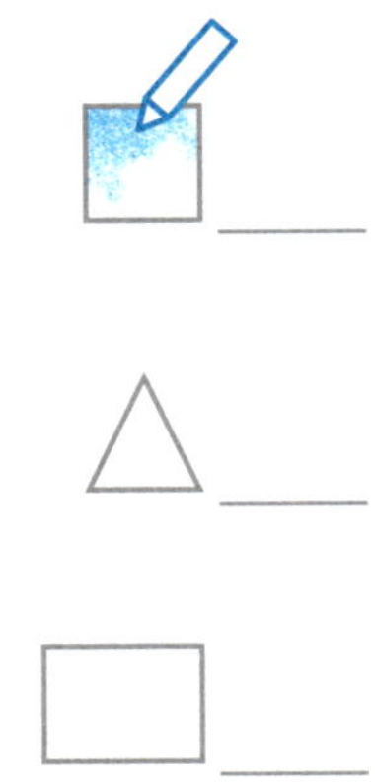

○ **2** Färbe die Formen in den vorgegebenen Farben. Zähle die Formen.

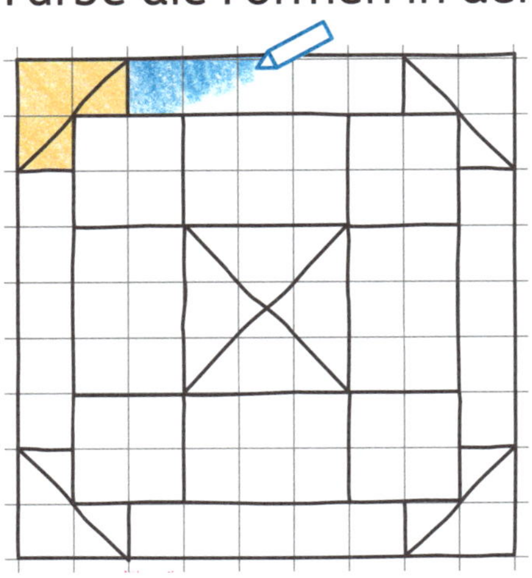

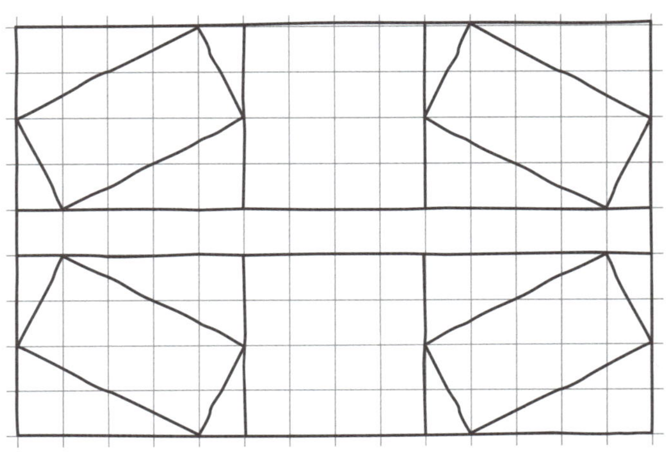

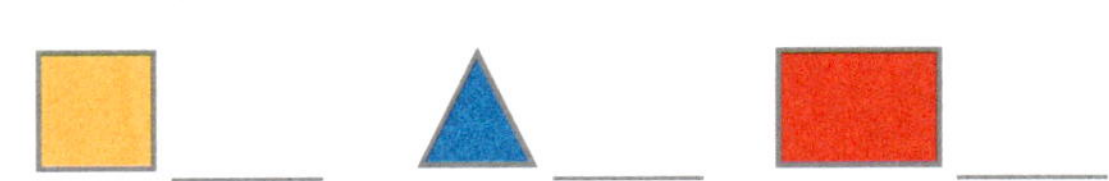

◒ **3** Zeichne selbst ein Bild. Benutze die vorgegebenen Formen und Farben.

	4
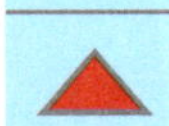	6
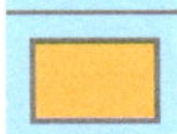	4

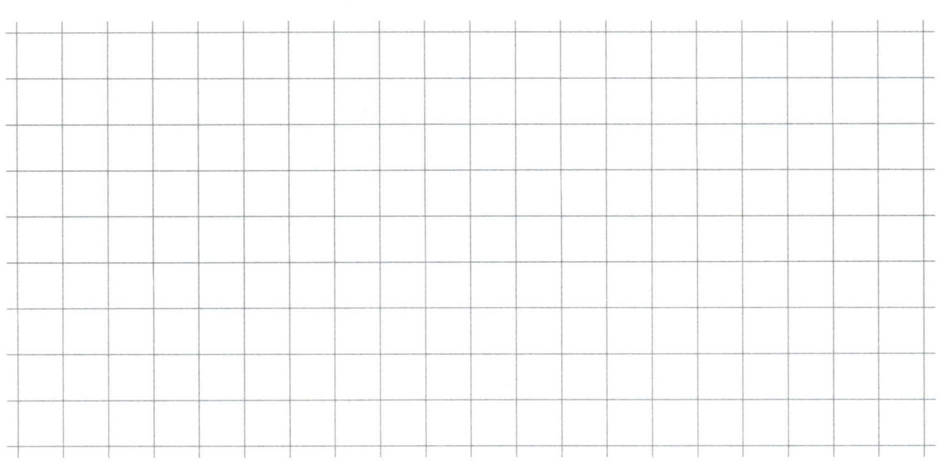

1 Die geometrischen Formen im Bild des Raben zählen. Angeben, welche Farben diese Formen jeweils haben.
2 Die Formen in den vorgegebenen Farben ausmalen. Die Formen zählen. **3** Ein eigenes Bild gestalten.
Dabei die vorgegebene Anzahl an Formen in den vorgegebenen Farben nutzen.

→ Schülerbuch, Seite 130/131

Wiederholung

○ 1

1 Aufgabenfelder in der Farbe des Ergebnisses ausmalen. Das Muster vervollständigen.
Selbst einschätzen, wie erfolgreich die Seite bearbeitet wurde, und entsprechenden Raben ankreuzen.

→ Schülerbuch, Seite 132 / 133

Knobeln mit Texten

○ 1 Wie heißen die Bären?

1. Das sind Bruno, Max, Hugo und Zottel.
2. Der Bär mit der gelben Hose heißt Hugo.
3. Bruno und Zottel haben gestreifte Hosen an.
4. Bruno und Max sitzen nebeneinander.

◒ 2 Welcher Hut hat welche Farbe? Färbe.

Otto Leo Till Olli

1. Leo hat keinen grünen Hut.
2. Der dritte Clown von links hat einen blauen Hut.
3. Am Rand steht kein Clown mit einem roten Hut.
4. Leo steht neben dem Clown mit einem gelben Hut.

● 3 Wer hat welche Lieblingsfarbe? Färbe. wahr: ✓ falsch: f

1. Eva mag rot.
2. Tom mag kein blau und kein grün.
3. Ron mag blau oder grün.
4. Ein Mädchen mag pink.
5. Ken mag kein blau.

	rot	blau	pink	gelb	grün
Eva	✓	f	f	f	f
Ron	f				
Ina	f				
Ken	f				
Tom	f				

1–3 Aussagen zu den Aufgaben aufmerksam lesen und zueinander in Beziehung setzen. Dadurch die jeweils gesuchten Zuordnungen finden und notieren.

→ Schülerbuch, Seite 135